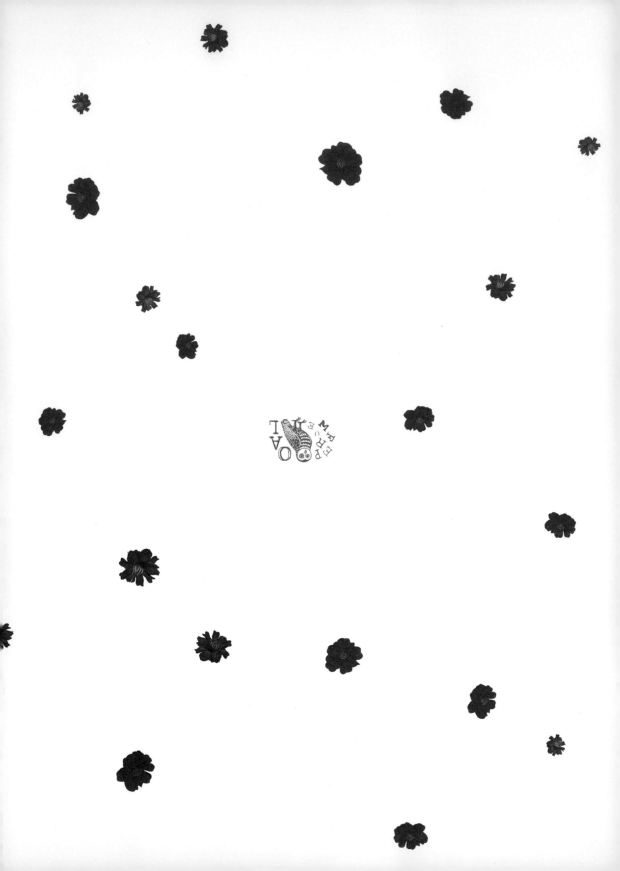

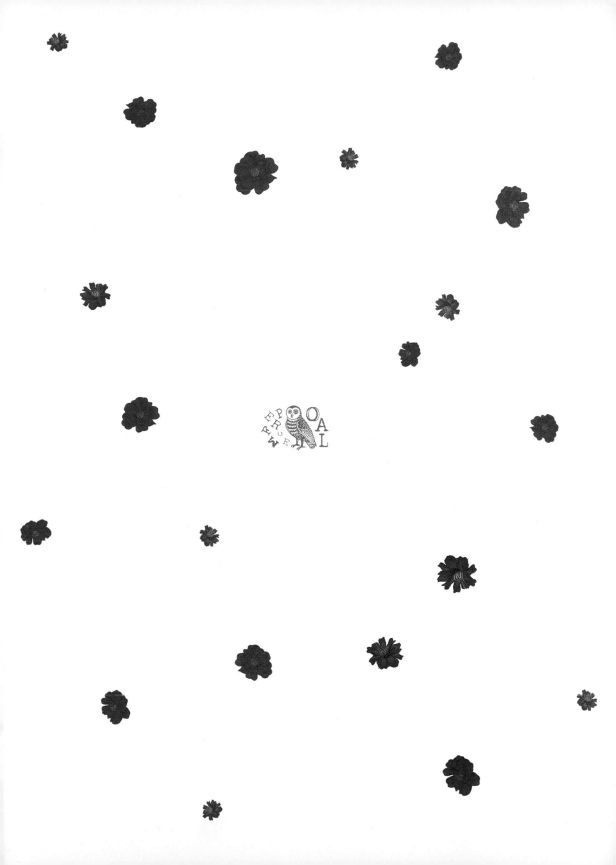

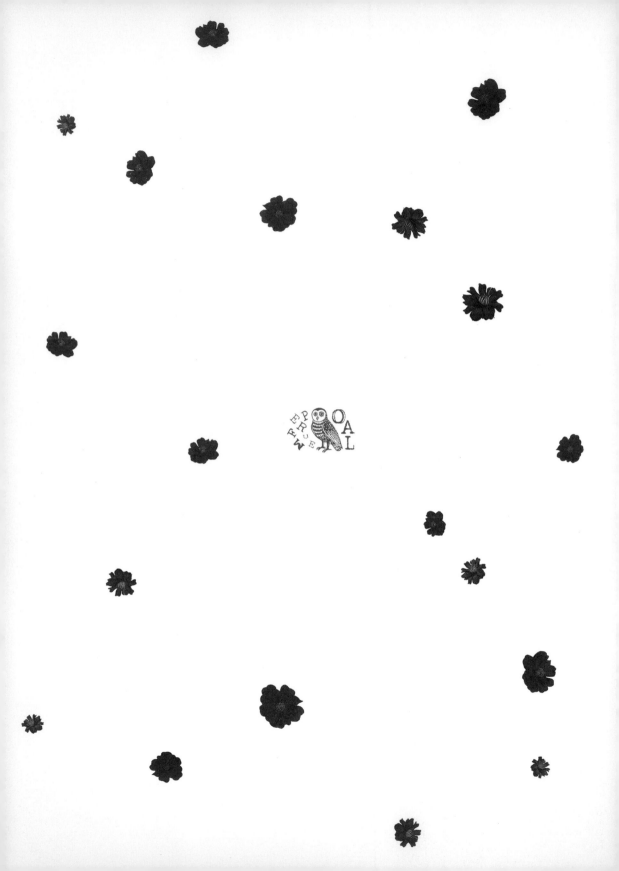

調香手記

55種 天然香料 萃取，
玩出專屬自己的 香氛創作。

蔡 錦文———著

香氣的狩獵旅行

　　最初接到邀約，要為一本調香書寫推薦序，我心裡很是躊躇。一般這類書籍總是天下文章一大抄，很難讀到個人的風采。另一方面，我的專業是芳香療法，不是調香，即便熟悉所有的材料，由於取徑和目的不同，我自認不是那條路上最具資格的導遊。但負責聯繫的同事告訴我，作者本是一位野鳥畫家，還出過講鳥巢的專書，聽得我腦中電燈泡都亮了，立刻承諾來拜讀一下。

　　野鳥畫家寫的調香書為什麼必有可觀之處？首先，調香是一門藝術，而不僅是一種技術，調色、調音、調香其實走的是同一條門道，已經在門內的作家，手路不可能流於一般。其次，為了觀察鳥類的生活，鼻子難道不會跟著眼睛一起領受自然的調教？這種訓練比任何調香學校能指導的都要更扎實、更鮮活，也更有趣。向如此硬裡子的作者學調香，肯定能超出「卡哇伊」和「女神」的套路。

　　果然，原本想快速瀏覽好完成任務，卻變成一場流連忘返的香氣撒伐旅 (safari)。我相信就算對 DIY 毫無熱情的讀者，也可以從這本書裡得到賞鳥一般的樂趣。至於原本就有心鑽研香道的朋友，則真的有機會靠本書亦步亦趨練成調香達人。作者對他筆下的芳香素材，不只做了去蕪存菁的資料彙整，也慷慨分享他親力親為而得來的心領神會。這種第一手的提點特別有說服力和感染力。

　　不曉得出版社與書店會如何替這本書定位，雖然它是貨真價實的調香指南，但我覺得它完全有條件歸入「生活風格」類。這本書最令我欣賞與感動的，也是作者讓香氣與生活「同在」的態度。受惠於自然觀察的背景，作者樂於從野外開發和採集香氣，像是山棕花、森氏紅淡比、大花曼陀羅等等，而猛嗅大花曼陀羅還讓他的牙痛煙消雲散，簡直就是芳香版的閒情偶寄。

　　作者的生活態度，也讓古典文獻活了過來。比如，他為了好奇中國的香囊傳統，特地從《楚辭植物圖鑑》中選出香氣比較濃郁的 12 種來研磨佩戴。可惜其效不彰，他就直接萃取以製作香膏，還把它命名為「楚香」……**塗抹手上後，立即感受到一種悠然淡雅，似乎帶著時間感的藥草香瞬間化開，彷彿來到了屈原的香草水涯。**這個過程，與其說是風雅，不如說是生意盎然。這個人真懂得生活！

　　是的，生活不只是拚經濟、繳貸款，生命也不該只是心心念念要得到父母的認同，或者讓世界看見台灣。生活應該是要不斷壯大生命的存在感，讓我們與飛瀑同在、與振翅採蜜的工蜂同在、與戰國時代的古人同在、與亞馬遜河的印地安原住民同在。雖然便捷的都市生活日益縮編人的想像力和感受力，幸好還有天然的香氣，幫助我們連結上下古今，乃至於真實的自己。

　　我最喜歡這本書題為「綜合野花香」的章節，宛如鄉村或野外生活的煉金術。我曾在日常遛狗的山徑被奇妙的花香纏繞，觸目所及的大花咸豐草和紫花霍香薊從來都不以香氣見長，那股花香到底是哪裡來的？我最後在普羅旺斯找到答案。為了做在地的精力湯，採了一滿握豬殃殃、毛蕊花和草木犀，沒有一種是大家公認的「香草」，結果卻讓每個學生的鼻子都黏在我手上。那就是綜合野花香啊！

　　謝謝作者為我們示範一種充滿驚喜的芳香生活，同時傳授他無比珍貴的心得：「**我必須強調，『等待』仍然是天然香水的首要本質。**」如果沒有能力等待，我們也聞不出每一個生命獨有的氣味。

肯園香氣私塾創辦人　溫佑君

有生命感的氣味

「生命，是一連串稍縱即逝的美麗過程。」

　　約莫國中時期的我，即對這句話心有戚戚焉，每回想起，內心總浮現一絲柔而溫暖的感覺，尤其當我廢寢於工作時，都不免低下頭來，讓時空停駐當下，閉上眼，然後提醒自己：生命很美，別忽視了！從小，就知道自己對一切具生命感的事物，有較大的興趣，男生喜歡玩的汽車或機器人玩具，我通通無感，甘冒被銳石劃傷皮肉風險，赤腳溜進水溝去撈小魚小蝦；或是卑躬屈膝於草叢間，忍受毒蚊轟炸機般攻擊，只為靜待觀察，親鳥如何哺育幼雛（這百看不膩的畫面，往往讓我心跳加速）。以前不懂，長大後才曉得了，啊！是美。

　　因為美，生命有了可能；也因為美，才可能有生命感。原來，我對美有種非常自我的，不時髦的，天生而特殊的敏感度。彷彿自小，便清楚了自己幾斤幾兩，求學過程亦毫無意外地在美術勞作方面展現天賦，及至入了社會，總能將興趣與工作結合，人生劇本似譜奏著 Beethoven 第九號交響曲第四樂章，歌頌喜悅而宏亮的幸福。然而，我也和所有人一樣，隨著年紀增長，開始嚐到生命中的酸甜苦澀，許多時候，〈快樂頌〉已變調成一首首悲歌，甚或苦調！不惑之年以前，對於氣味（香氣）從未刻意專注過，因為歷經一次生命難題，氣味悄然自我最卑微、最柔軟，也最無助的時刻竄了進來。那段日子，無形的氣味，儼然為我建築了座最實際的心靈堡壘；氣味，非但讓我體悟了不同的生命層次，也讓我看到了不一樣的美感。

　　初始，意會到自己對各種氣味好奇是沒來由的，僅單純感受，用鼻更用心。我從容易獲取的天然精油，開始走入迷人的氣味世界。或許得助於所學，對於多數來自植物的精油，很容易就記住了各種氣味特徵，在這新鮮的領域裡，自我學習摸索的感覺，簡直像發現新大陸一般，尤

其嘗試了自行萃取氣味，成就感已非筆墨足以形容的了。常常有人問起，為什麼想做香水？其實我也說不上來，或許和自己喜愛繪畫有關吧。事實上，調香和調色在本質概念是互通的，嬌豔的玫瑰，加上性感的茉莉，幾乎等於引人遐想且憐愛的粉紅色。只是調香的難度，可能高些，因為氣味難以被具體形容和認知，若我說柚花的氣味如何如何，相信也只有聞過的人，約能領略，何況調香（尤其香水）時常是七、八種以上的香料合奏，最終成品的氣味樣貌，也只有創作者詮釋得了。

對我來說，描述氣味，正是寫作此書最大的難題。然而，並不影響我對氣味世界的感受，在萃取、製作、享受香水的過程中，我發現，氣味不僅僅是氣味而已，它可以是某種需要被解密的訊息、一段動人心弦的故事、一闋回味無窮的小詩、一座難以忘懷的城市、一場驚心動魄的豔遇，或是某個心愛的人等等。生活中，充斥著各種氣味，如何捕捉氣味，或重組氣味，最後製作各種香氣作品以享受氣味樂趣，書中有我最真實的體驗，只要打開心靈的鼻子，你將發現，氣味其實就是生活，是有生命感的。

能完成此書，我要非常感謝生命中的好友——碧員（本書主編），在我摸索製作香水過程中，一直當我的白老鼠，沒有她，這本書將香氣盡杳，她是讓這本書散發馨香的紫羅蘭酮。自學調香、萃香，到寫作此書，不免得蒐集消化許多相關知識，在中文書籍方面，除了芳香療法，溫佑君老師對植物的另類觀點，時常啟發我不少關於氣味的想像，尤其在《溫式效應》一書中展露無遺，原來氣味在嗅覺、觸覺、聽覺，甚或感覺，可以這樣美！感謝溫老師序文大力推薦，雖未曾謀面，但早已在老師所有著作中，聞遍各種植物的溫式芳香。最後，還要感謝我的家人，以及所有相知相遇，你們是我生命中最美的香氣。

目次
contents

Part 5

天然香料 |草葉與其他篇|

Part 6

天然香料 |芳香中草藥篇|

Part 7

天然香料 |動物性香料篇|

香水說從前

握著一枝花
你來過我的房間
又走了
僅留下
淡淡的香氣
此刻猶不忍散去

啊無邊幸福
無間地獄

　　　　　　　　　　　　——許悔之《香氣》

香是人類生活中的一種美好感受，人們對香氣的喜愛，如同戀花之蝶、向
陽之木，是一種本能和天性，香氣，潤澤了生命中的靈性。

想到香，許多人會浮現出各種記憶。阿嬤髮髻上的白玉蘭、清明祭祖的艾
草粿、男女朋友身上的體味、寺廟裡善男信女虔誠的焚香、木材工廠的木
頭味、秋陽蒸曬下的稻草香……，香氣種類多樣而繁複，與生活息息相關，
無處不在。

香氣也能激盪人們的思緒，伴隨著記憶，思緒即蛻成了想像。若說大千世
界是人們想像出來的，無疑，香氣便是讓世界呈現多彩樣貌的繆思。人類
依循著本能，早已將香氣具體化為日常所需，其中，香水，可謂香氣之藝
術品。

從古希臘說起

　　人類早在有歷史紀錄之前，就開始將香料應用於生活中了。隨著不同時代、歷史、文化、地理環境及氣候等背景條件，各種芳香產品相繼被開發出來，其中最特殊的就是香水。

復刻版的古早味

　　perfume（香水）一詞源自拉丁文的 per fumum，意思是「穿過煙霧」，概念其實和薰香（incense）差不多。古老的西方，香料的應用除了焚香祭祀，更多是以植物油萃取香料氣味，製成香膏、香油或香粉。但是，和現今「香水」概念較為接近的，卻是在地中海東邊，有「愛神之島」美譽的塞普勒斯（Cyprus）所發現的證據。2003 年，義大利的考古學家在該島南方 Pyrgos 至 Mavrorachi 地區，挖掘出距今四千多年前的一座香水工廠遺蹟，他們發現了許多古老的蒸餾器具、研磨缽、漏斗，以及散落一地的長頸陶製香水瓶。顯然，將芬芳之物藏進香水瓶的概念，和現代是差不多的。

　　2008 年，在羅馬香水展中，科學家分析了殘留在這些古老香水瓶中的 14 種芳香物質，取用相同的香料，進而模擬出 4 種當時的香水，並以古希臘女神來分別命名，這些復刻版的古老香水，據說聞起來是木材加藥草味，主要由迷迭香、香桃木、薰衣草、月桂、佛手柑、松脂和芫荽等香草所製成。

土耳其
Taurus

地中海

塞普勒斯
Cyprus

黎巴嫩
Lebanon

地中海

以色列
Lsrael

眾神的祝福

古希臘是個信仰眾神的文明古國,香料來自於神的恩典。相傳羅馬神話中的維納斯,是第一個使用香料的女神,聞到香味代表得到眾神的祝福。古希臘最有名的一款香水(香油)稱為「Megaleion」,主要由沒藥、肉桂、月桂等香草植物製成,是歷史上第一瓶以香水師名字命名的香水。

古羅馬初期,人們對香料的興趣不大,西元前 188 年政府甚至還發布禁令,不准老百姓使用香膏。後來,隨著國力與航海技術強大,移民遍及各地,也自各地引進各種香料,香料隨即廣為人民所應用。

羅馬神話中的維納斯,蛻自希臘神話中,代表愛情、美麗與性慾的女神阿芙蘿黛蒂。據說維納斯是第一個使用香料的女神,聞到香味代表得到眾神的祝福,也意味著生命自芳香開啟。(圖引用自 Wikimedia)。

復古的香水瓶。瓶子上方的球狀物有泵浦作用，用手擠壓，可自噴嘴噴出香水（擷取自 1880 年代藥妝店目錄）

　　相較於希臘人，羅馬人的用香方式更擴展至日常生活。曾有史書記載，羅馬貴族在宴客時，會在鴿子身上灑香水，當飛鴿振翅的時候，空氣中就瀰漫著香味；非但如此，社經地位較高的羅馬婦女也有專屬的香奴，隨時為主人遞補各種芳香物品，沐浴、按摩身體或修剪指甲都採用不一樣的芳香製品。羅馬人的泡澡習慣是出了名的，人們除了建造許多精緻的澡堂，還會在澡池裡添加月桂、迷迭香，讓蒸氣繚繞的水氣帶著香氛。貴族將香料的使用視為一種品味與尊貴的象徵，相傳羅馬皇帝尼祿在他妻子的葬禮中，所消耗掉的香料，遠比當時阿拉伯十年的總生產量還多！

埃及人製造香料油的壁畫。這是西元前 2500 年埃及第四王朝古墓一個石灰石雕刻片段，目前收藏在羅浮宮。（圖引用自 Wikimedia）。

中國的香文化

　　香水的概念來自薰香，隨著焚燒香料釋放芳香氣味。香水則藉由溶劑散發，使人們產生美好感覺。了解天然香料如何被應用，有助於製作天然香水的廣度及創意。世界上許多古文化對於香料的應用，大多始於祭祀、巫術、醫病，人們藉由薰燃香料產生裊裊青煙，與八方神靈溝通。

中國歷代都有特製的香爐，盛裝香料焚香，這是中國自古以來驅疫避穢、薰香環境的香文化。圖為銅香爐。

用來薰香的香料材，大多取自本土生長的芳香植物，在晾乾、裁段或磨末處理之後，作成合香焚燒。

《黃帝內經》也是芳療聖經

在古老的中國，人們早就注意到了香的妙用，以燃香、煮藥草湯沐浴、釀酒或做成香囊佩戴，藉以驅疫避穢。西元前 771 年以前，先秦時期的甲骨文、楚辭、周禮，以及詩經中都看得到。當時，應用的香料僅以晾乾、裁段或磨末處理，種類以本土生長的植物為主，像是澤蘭、白芷、花椒、薰本、肉桂、艾、蒿、鬱金、菖蒲等等。春秋戰國時期的《黃帝內經》，是最早將薰香作為治療疾病方法的醫學典籍，稱之為灸療和香療，相較古希臘運用芳香藥草的時期更早。

在西方，有醫學之父稱謂的 Hippocrates（約西元前 461 ～ 370 年），留下了主宰西方醫學一千多年歷史的著作，裡面記載了三百多種藥草處方。他提倡每天進行芳香沐浴及按摩，可以延年益壽，他的所有著作集結而成的文集，和《黃帝內經》便是西元前東西方的兩大醫書，由此可知，芳療是人類對「香」應用的共通理念。

本是王公貴族玩賞物

三國時期，南方的吳國和東南亞及西方的海上貿易較為發達，迷迭香就在此時經由商人自羅馬帝國傳入中國；魏晉南北朝時期（西元五、六世紀），陸上和海上絲路經貿開始活躍，東南亞、南亞及歐洲許多「真正的香料」，如龍腦、龍涎香、檀香、沉香、安息香、蘇合香、雞舌香（丁香）、乳香、沒藥等等，也大量引進中土；佛教在東漢明帝傳入中國後，伴隨佛經而來的尚有印度的香料。雖然在漢代，外來香料已是王公貴族的玩賞品，但直到宋代以前，這些香料除了應用在祭祀、宗教外，使用率並不普遍，只作為宮廷奢侈品，這和西方世界非常相似，在古埃及、希臘、羅馬，也只有國王宗室、祭師、貴族，才能享有香料的掌管及使用權。

丁香

檀香與沉香

各種香料製成的粉末

漢代開啟了中國香文化的大門，在漢武帝之前的西漢初期，帝王皆信仰道家神仙之說，薰香已流行於貴族階級，且專門設計香爐（博山爐）來裝盛薰香料。直至魏晉南北朝的七百多年間，香爐一直盛行不衰，且南方比北方更為流行，還一度過海去了南洋。此外，用來薰衣物的薰籠，薰被子的薰球等香具，也是漢代王墓中常見的陪葬品，湖南長沙馬王堆漢墓出土甚多，其中也發現許多青銅蒸餾器，證明早在西元二世紀左右的漢代，已經有了蒸餾技術。

唐朝愈玩愈講究

隋唐（西元七世紀），西域的大批香料由絲路源源不絕運抵中國。唐代開始，阿拉伯人到中國經商、朝貢、學習和旅行，也把當地的玫瑰香水帶進中國，稱「大食薔薇水」、「大食水」或「薔薇露」。到了北宋，阿拉伯人的蒸餾萃取技術已流傳至兩廣到閩浙一帶。大唐盛世下的社會富庶繁榮，為了因應香料貿易，出現專門經營香料的商家，此外，許多文人、藥師以及宗教的參與，使人們對香料有更深入的研究，將用香文化提升到更為精細、講究、專業的境界。

唐代高宗、玄宗、武后等都是著名的愛香人士，也大多信奉佛教。佛事中都要上香、焚香及香湯浴佛，香料的使用量及種類，遠遠超過前代帝王。對比漢代盛行的香爐，唐代則出現用來薰蒸環境、帶有金屬提鍊的香球，以及供佛的手持長柄香爐（手爐），這些香具在敦煌壁畫中都可以看到。總括而言，由王公貴族引領的這股潮流，為香料普及於民間奠定了基礎。

合香極適合作為室外薰香。

日本香道源於唐，再傳回唐

　　唐朝僧人鑒真和尚在西元 753 年成功東渡日本，不但將佛教的戒律制度傳到日本，也將中國的醫藥、香、茶、字畫等帶了過去，當初鑒真大和尚帶了 36 種藥草，其中如細辛、肉桂、香附子、厚朴、蒼朮、紫蘇等芳香藥草類，就有近 10 種。精通醫術的鑒真和尚，圓寂後被譽為「日本漢方醫藥之祖」。日本最後將唐代的香文化，發展成一門修身養性的香道，與花道、茶道並稱日本的「雅道」。日本香道的用香方式，不是直接以火燃香，而是將預熱燒紅的炭種埋入灰中，再於灰上放一層傳熱的薄片（雲母片），最後將單一香料或調製的香丸放置其上，利用熱將香氣逼出，有人稱為「煎香」。此種用香方式也傳回中國，晚唐詩人李商隱的《燒香曲》中有一句「獸燄微紅隔雲母」，寫的就是這個薰香過程。

艾草是東方常用的藥草，醫書上也多有提及，常作為醫療上的香料運用。

飛入尋常百姓家

　　到了宋代，用香文化已經普及百姓的食衣住行。由於香料的消費量極大，對外貿易中，香料的進出口量占了首位。關於香具，相較於漢唐工藝精美但冶煉耗時的銅製香爐，宋代以後大量生產的陶瓷香爐，更適宜民間使用，這也是香料能夠普及民間的重要原因之一。

　　常民生活中，居室廳堂時刻要有薰香，各式慶典場所甚至科舉考場都要焚香，很多酒樓、茶坊、家宴乃至建築，也都用香。因此，有一種特殊行業出現了──專賣焚香的香人、香婆。市集上專賣香料的店舖也相當普及，人們不僅可以隨意買香，也可請專人上門製香，祭祀、薰燃、佩掛、妝容、紙張、銘印、墨寶等，都調入了香料。

為香道著書立說

元明兩代的對外經濟貿易，仍以香料為主要商品，馬可波羅在《東方見聞錄》提到，在歐洲人到達東方以前，香料貿易是以中國人為主的。

中國人對香之喜好，在宋元明清的史料、詩詞、小說中，展露得淋漓盡致！文人雅士不僅品香，還能自己煉香，香譜類專書也相繼問世，其中明代周嘉胄所撰《香乘》尤為豐富，全書共二十八卷，包括香品、佛藏諸香、宮掖諸香、香異、香事分類、香事別錄、薰佩之香、香爐、香詩、香文等，舉凡有關香料品名、來由及各種用香方法，一應俱全，彙整了明代以前香文化之大成。

李時珍的《本草綱目》也有很多偏重於醫療的香料應用方式。例如：用香附子煎湯沐浴可治風寒風濕；將乳香、安息香、樟木一起燃薰，可治突然暈倒；將沉香、檀香、降真香、蘇合香、樟腦、皂莢等一起焚燒，能預防傳染病蔓延；含細辛，可去口臭等等。《本草綱目》中提到，許多用薰香止瘟疫辟惡氣的作法，和中世紀的歐洲是一樣的，某些香料如迷迭香、安息香、肉桂、胡荽、乳香等等，東西方文化皆通；甘松、澤蘭、牡荊、艾、樟腦、麝香、木香、茅香、山柰等等，則多見於東方。

清朝的反香之道

清中葉至民初，西方勢力在東方進行各種擄掠，內憂外患下，人們廣泛接受西方現代文化思潮。傳統以來，對香文化發展著力不少的文人，價值觀已然改變，用香的閒情逸致，已成為不合時宜、落伍的象徵。薰燃香料甚至被認為有害健康。以往香文化所代表的淨心明志、修身養性的觀念，也被視為態度消極而受到不少貶抑，香文化於是逐漸式微。

此外，十九世紀末，西方化學合成香料相繼問世，工業化生產的香水，也在晚清進入中國，人們接觸到的香料種類更勝以往。然而，許多擬真香料模糊了人們對天然氣味的需求，中國的香文化，至此可謂香消玉殞。對於鍾情於天然香氣的人而言，化學玫瑰香精的氣味聞起來，充其量只能説是玫瑰殭屍。

台灣香

台灣的早期移民多半來自福建沿海一帶,承襲了部分中國南方香文化。主要在於製香、燒香,敬拜祖先神明,或於端午節懸掛艾草、菖蒲等習俗,薰香、品香、煎香等怡情養性的方式,則較為罕見。

縱然如此,台灣早在明末清初就開始樟腦油的香料產業,且在日據時代成立專賣制度,產量全球第一。1912 年,日本人引入香茅,於三義、大湖一帶種植,開啟了台灣香茅產業,到 1951 年左右,產量達至高峰,成為世界香茅油的交易中心。可惜的是,樟腦油和香茅油最後都不敵人工合成品的競爭,於六〇年代步入歷史。1970 年左右,林業試驗所曾做過伊蘭伊蘭精油的萃取試驗,但產量並不理想;嘉義地區也曾生產茉莉和夜來香粗製精油,再運至日本精製,卻因品質及成本的問題而終止。

反倒是拜近年來芳香療法盛行之賜,讓我們得以在日常生活中接觸各式各樣的天然香料。懷抱自然和素樸的生活價值,尋著香氣,再度找回香文化的記憶。雖然香文化內涵中的新舊思維依然受到考驗,但那來自人類天性愛香,追求善美的本質,卻是亙古恆常。

《本草綱目》也提到一些醫療的香料應用方式,其中薰香止瘟疫辟惡氣的觀點,和中世紀的歐洲是共通的。

現代香水的出現

　　西元七世紀，阿拉伯人控制了地中海地區並占領北非、掠奪了大量希臘和羅馬的醫學典籍，其中，藥草學研究，增進了香料提煉萃取的化學工藝，直接影響到芳香產品的樣貌。

　　最早以水蒸餾提煉香水的紀錄，是阿拉伯煉金術士留下來的文獻，內容提到玫瑰和樹脂的蒸餾液。西元十世紀末，一位阿拉伯醫生Avcenna發明了水蒸氣蒸餾法，讓水蒸氣通過香料，將香氣成分（精油）分離出來，不過，這種提煉方式一直到十字軍東征之後，才傳回歐洲。

匈牙利水 Hungary water

　　西元十三世紀末，最後一次十字軍東征帶回許多回教世界的文化、工藝以及香水製造技術。當時，黑死病席捲歐洲，人們相信焚燒香料或香藥草，如肉桂、迷迭香、百里香等等，能抑制黑死病，便由僧侶負責教育民眾藥草學知識，他們多半在教會院內種植芳香植物，也不斷嘗試提煉精油。直到十六世紀末，黑死病威脅解除，歐洲人對於各種香料或香藥草的研究，已經有了充足的資訊，植物的應用，也從疾病防治、醫療、烹飪、園藝，擴展至香水、化妝品等生活中各個層面。

從芳香植物提煉精油，讓香水創作邁入更新的領域。第一瓶以酒精為載體的香水，「匈牙利水」即是以薰衣草、迷迭香、百里香為主要香料成分調製。

現代香水的濫觴，亦即第一瓶以酒精為載體的香水，得回到西元十四世紀，匈牙利皇后伊莉莎白要求皇室僧侶為她製作的「匈牙利水（Hungary water）」。以天然香水來說，此意義重大，因為匈牙利水乃完全純手工且取自天然材料。這款工藝繁複的香水配方，只有以迷迭香、百里香、薰衣草為主的七、八種成分，據說可以使肌膚緊實有彈性，其受歡迎程度，在歐洲皇室之間流傳了幾百年。現今，如果想聞這款古老的香水，可至巴黎凡爾賽區的香水博物館（Osmothèque），據聞過的人所言，像是藥草味。

這是秉持百年傳統製作的天然香水，由義大利聖塔瑪利亞製藥出產的單一花香香水。

從義大利到法國

西元十六世紀，法國人發明了香水手套。這項發明最主要的關鍵在於香料提煉技術的進展。此時，人們已經知道香氣成分可以溶解在酒精中，利用酒精協助香氣散發。當時的手套以牛皮製成，充滿一股刺鼻的皮革氣味，因此，法國人將手套用香料薰香或以香水浸泡，此舉備受歡迎，隨即遍及歐洲許多國家。西元1537年，英國牛津伯爵（Earl of Oxford）送了一副香水手套給英國女王伊莉莎白，女王從此迷上香水，並鼓勵老百姓調製，開啟了英國的香水工業。

歐洲是香水的大本營，尤其是法國，法國是什麼時期又是什麼原因和香水的關係如此緊密呢？西元十四世紀，義大利興起文藝復興運動，當時貴族對於化妝品的講究，帶起了一股時尚潮流，香水又流行了起來。雖然義大利因為文藝復興運動搖身一變成為經濟繁榮、文化薈萃之地，可是在政治上卻是面臨分崩離析的狀態。此時，引來法王查理八世的覬覦，舉兵入侵，結果法軍大敗，退出義大利返回法國。戰敗的查理八世，從義大利帶回了香水，回國之後，隨即設置專屬的御用香水師，專門為他調製，自此，法國貴族階層開始流行使用香水。

香水非但是藝術品，更是充滿了創意與故事的組合。自裡到外，集合了香水師、美術設計以及香水公司的意念。有時，一款令人愛不釋手的香水包裝，更可直接擄獲消費者的心。

第一款添加人工香豆素的合成香水 ——Fougere Royale by Paul Parquet (Houbigant)。（圖片引用自 Wikimedia）。

　　義大利對於法國香水的影響還不止於此。十六世紀，義大利公主（Catherine de Medici）嫁給了法王亨利二世，這位公主也有專屬的香水師，在她的引領下，法國的製香工藝水準大幅度提升，而且將香水變成了巴黎的時尚指標。到了十七世紀末，香水有了崇高的時尚地位象徵，一個人的身分愈顯要，所用的香料等級也愈高級，法王路易十五在他的「芳香宮廷（La Cour parfumée）」中規定，貴族們在一週內，必須每天擦不同的香水。

合成香水百花齊放

　　早期的香水大多在王室貴族之間流傳，僅有少部分社會地位較高的平民才得以享用，一直到十八世紀初，一款名為「科隆水（Eau de Cologne）」的出現，香水才逐漸普及於社會大眾。到了 1882 年，Houbigant 香水公司推出一款名為 Fougère Royale 的香水，添加了人工合成的香豆素，自此開啟了合成香水的時代，這也就意味著，完全由天然香料萃取製作的香水將慢慢走入歷史。

　　十九世紀末以來，由於化學合成香料的出現，香水的發展百花齊放，眾家爭鳴。芳香植物受限於氣候、人工、產地，品質掌控不易，再加上政治等因素影響，價格比化學合成品高得多。再者，石化產業更促發化學合成香料應運而生，種類琳瑯滿目。

隨著追求自然風的盛行，以天然香料調製香水已然成
為一種時尚，紛紛有不少香水師加入此行列。（圖為
作者以己烷萃取天然玫瑰花香）

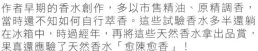
作者早期的香水創作，多以市售精油、原精調香，
當時還不知如何自行萃香。這些試驗香水多半還躺
在冰箱中，時過經年，再將這些天然香水拿出品賞，
果真還應驗了天然香水「愈陳愈香」！

　　當然，若將香水師比喻為畫家，誰不樂於擁有千百種的彩繪顏料
呢？曾有人形容，天然香水是一種具象式的香水，用多一點玫瑰做出來
的就是玫瑰氣味的香水，多一點茉莉花，就是茉莉花香水，而古龍水簡
直就是柑橘香水的代名詞；然而，化學合成香料卻開啟了香水的印象時
代，充滿想像力，化學合成香水聞起來已不再是一朵花，而是一幅莫內
畫作！

香水的印象派

　　二十世紀，化學合成香水主宰了一切，人們可以用「比翼雙飛（Nina
Ricci L'Air du Temps）」來妝點愛與和平，也可以尋得一瓶「鴉片（YSL
Opium）」來麻醉失落心情。大量製造、品質穩定、售價不高，使香水
不再遙不可及。

　　直到二十世紀末，因為環境污染、化學物質殘害事件頻傳、網際
網路的發達，以及芳香療法的推廣，天然香水才又得以被重新認識。
許多半路出師的「鼻子」，開設網站、創立品牌、推銷理念並教育大
眾；作家兼香水師的美國人 Mandy Aftel，即是最成功的例子。2006
年，在國際間誕生了一個以天然香水為號召的組織—— The Natural
Perfumers Guild，這個組織以網路串連了許多業餘（獨立）香水師，
堅持以 100% 天然原料來製作香水，至於何謂天然原料？在他們的網站
http://naturalperfumers.com/ 有詳細而嚴格的定義。

各種以天然香料萃取的原精與精油，豐富了調香師的調香盤。

現代版天然香水

　　然而，香氣的喜好非常主觀，我聞起來帶有茶香味的快樂鼠尾草，別人或許覺得是男性汗水味；張狂濃烈的夜香木，總令我陶醉不已，卻也有人感到窒息。同樣在香水中，有人偏好天然氣味，也有人喜歡化學合成香水，所以近幾年，出現了所謂「New niche perfume」的香水型態，它訴求回歸現代香水的起源，呈現一種人工與天然互補的香水藝術，可說是現代版的天然香水了。

　　從香水材料的選擇、重現傳統香水的內涵、生態環境議題的重視到理念想法的創新，「New niche perfume」已經是香水業的一個趨勢，甚至某些主流香水業者也產生了興趣，當然許多獨立調香師也看到了這種符合天然、充滿創意的消費市場。大致而言，天然香水完全不含化學合成香料在裡面，而現代版天然香水則允許含有少量「天然單體香料」註。我想，這對於追求天然美好氣味，卻又苦惱於天然創作材料較缺乏的香水師而言，不失為一折衷之道。

註　　天然單體香料指的是，使用物理或化學方法，從天然香料中分離出單體香料化合物，它的成分
　　　單一，具有明確的分子結構（詳見 153 頁）。

氣味在動物界的妙用

Calvin Klein Obsession for Men，此款香水很能吸引大型貓科動物（圖引用自Wikimedia）。

　　打開心靈的鼻子，生活中無處不飄香，尤其走進大自然，你絕對可以在四季中嗅到各種植物的芬芳。人類的五種感官中（現在證實有第六種感官──機體模糊知覺），嗅覺向來被嚴重忽視，但也有許多現象顯示，嗅覺在靜默中起了最關鍵性的影響，例如擇偶。

氣味能吸引異性

　　以生物演化觀點而言，雌性動物多是藉由體味，選擇與自己的MHC註差異大（互補）的雄性為交配對象。瑞士伯恩大學的動物學家Claus Wedekind，在 1995 年也驗證了異性人類間的相互吸引，與MHC 和體味有關聯。人們對於特定氣味的香水或古龍水的偏好，與自身的 MHC 有關。也就是說，MHC 基因型相似的男性，可能選擇使用相同的香水，且強化自己的體味。因此，每位香水使用者，都希望另一半喜歡他們所使用的香水，香水並非只是用來掩飾體味，在潛意識下，反而更是為了突顯或模擬自身的體味。

用香水吸引異性，不是人類的專利，有些動物也會，例如野生蜘蛛猴會用唾液混合數種芳香植物，塗抹在腋窩和胸部，且雄性蜘蛛猴比雌性更頻繁使用。以往動物學家認為，靈長類動物以特定植物擦拭身體，是用來防止昆蟲叮咬，然而科學家猜測，蜘蛛猴的應用芳香植物，類似人類擦香水，是具有社交功能的，除了顯示自己在社群中的地位，也為了增加對異性的吸引力。

貓科動物也有獨特品味

猴子和人類都是靈長類動物，以香味吸引異性或許不足為奇，但是貓科動物也喜歡特殊氣味的植物，這就非常有趣了。養過貓的人都知道，某些芳香植物（荊芥屬）會引發貓的異常行為，牠們發出低鳴聲、磨蹭、翻滾、啃咬、舔舐或跳躍等等。例如老虎、獅子、獵豹等絕大多數的貓科動物，對富含荊芥內酯（nepetalactone）、獼猴桃鹼（actinidine）的植物，也會有同樣的反應。不僅如此，國際野生動物保護學會（Wildlife Conservation Society）曾測試大型貓科動物對各種香水的反應，結果發現，在 24 款香水中，Calvin Klein 的 Obsession for Men，最能吸引牠們駐足。

科學家為了估計中美洲瑪雅生物圈保護區（Maya Biosphere Reserve）裡的美洲豹族群數量，將沾有 Obsession for Men 香水的布，放在紅外線自動相機旁，受到吸引的美洲豹，走到鏡頭前就會被拍下來。根據這個調查方法，美洲豹被記錄到的數量是以往的三倍，而且香味也能引來 800 公尺之外的美洲獅、虎貓等貓科動物。

此款香水有什麼特別之處？為何能撩撥動物的好奇？根據 Calvin Klein 官方公布的香調，香水裡的麝香成分，似乎是我唯一可以理解的理由。麝香是公麝鹿在求愛季節散發出來吸引母鹿的氣味，或許含有麝香的香水，遠遠地就能勾人，不只是貓科動物。

註　　每一種生物，都具有內在的基因表現，以及外在的基因表現。人的免疫系統則由一組複合基因所組成，稱為主要組織相容性複合體（major histocompatibility complex，簡稱 MHC），除同卵雙胞胎外，每個人的 MHC 都是獨一無二的。人類的 MHC 就是免疫系統的基因型，而這組基因的表現型就是體味。

辨識氣味

　　許多原精（absolutes）在稀釋後，會感覺比較貼近自然花香。然而，聞到氣味並不等於認識了氣味，專業香水師、調酒師也許可以分辨出十萬種不同的氣味，專家與一般人的嗅覺能力，有時差別就在於訓練。

情緒也是一種氣味

　　在生活中，和視覺、聽覺、觸覺及味覺相較，嗅覺似乎最微不足道。但對於動物來說，嗅覺往往是支配行為的動機，然而，人類畢竟經過高度演化及抽象認知過程，情緒往往才是促發行動力的根本，心情好的時候，即使「外面在下雨，可是我心中有太陽」。

　　情緒之於人類，如同氣味之於動物。氣味直接傳達給動物某種必須行動的訊息。對於人類來說，氣味則被轉譯成情緒，此作用稱作「嗅覺──情緒轉譯」，也就是說，嗅覺和情緒之間是相互聯繫交流的。

　　氣味與情緒的神經系統都位於腦部的邊緣系統，這裡是腦的原始核心，生理學上稱嗅腦（rhinencephalon），因為爬蟲類也具有這部位，所以也稱爬蟲腦（reptilian brain）。在邊緣系統中，主要與嗅覺神經中樞互動的部位是杏仁核（amygdala），也是腦部掌管情緒的區域。人們察覺到某種氣味時，杏仁核便被刺激活化，活化愈強烈，代表人們對此氣味也有愈多的情緒。

　　嗅覺是唯一直接影響杏仁核（控制人類情緒的腦部知覺系統）的因子，許多研究發現，嗅覺缺失症與憂鬱症有很大的關係。等於直接說明了氣味、嗅覺、情緒，三者關係密切！設想，身處在一個開滿茉莉花的農田，卻聞不到一絲香氣，多麼令人沮喪啊！或許眼睛還能欣賞花，但少了氣味，茉莉就不再是茉莉，不是嗎？

好惡因人而異

曹植在《與楊德祖書》中說：「蘭茞蓀蕙之芳，眾人所好，而海畔有逐臭之夫。」此乃藉由氣味，說明文章的喜好因人而異。那麼，影響氣味偏好的原因又是為何呢？任教於美國布朗大學的嗅覺心理學家 Rachel Herz，提出了下列幾點觀察。

1 氣味連結學習　文化背景差異與個人對於氣味的經驗有關。例如我們覺得美味的臭豆腐，對西方人來說，簡直是惡夢；瑞典人喜愛具有腐屍氣味的鯡魚罐頭（Surstromming），卻榮登全世界最臭的食物榜首。

2 三叉神經刺激　切洋蔥時流眼淚、吸入胡椒粉會打噴嚏等，就是因為氣味刺激了三叉神經，同樣會引起嗅覺。

3 基因不同　嗅覺受器基因，在個體之間存在著差異，因此發揮的作用都不一樣。像別人聞得到樹蘭花的香氣，我則怎麼用力，也聞不到。

4 心理因素　氣味、嗅覺與情緒之間，有根深柢固的相關性及互動，正如辛曉琪歌詞中「想起你手指淡淡菸草味」就想起「記憶中，曾被愛的味道」。我們之所以對不同氣味有所好惡，是因為個人經歷及歷史文化與某種氣味相關，既賦予這些氣味種種特徵或意涵，又強化了此氣味的偏好。

有人鍾情於玫瑰的甜美，有人偏好茉莉的性感，也有人沉浸於檀香悠遠的意境。而我對柑橘類的花香，有說不出的喜好，不管是金桔花、橘花、柚子花、苦橙花、檸檬花或是柳丁花，置身一株盛開的柑橘花樹下，總會讓我有如置身天堂，無論多沉底的心情，只要聞到柑橘花香，就可引領情緒飛揚起來，就像坐火車旅遊，靠在窗邊望著遠方天光雲影幻化，思緒像隻隱形的鳥愈飛愈高愈遠……。

記憶的最佳線索

　　氣味不但誘發情緒，還能召喚久遠的記憶，至今只要聞到某品牌的香皂味，早年初嚐男女之歡而唾液如湧泉般流出的自己，以及當時場景便歷歷在目。又譬如聞到薑味，憶及的倒不是美味的麻油雞或薑母鴨，而是幼時，阿公帶我坐在旗山中正公園石階前，一起享用切盤薑汁番茄的畫面，氣味就是這樣與記憶連結。

　　氣味所喚起的記憶又稱「普氏記憶」（Proustian memories），此名稱源於法國作家 Marcel Proust，他的著作《追憶似水年華》，最常被引用來說明氣味如何喚醒記憶。然而，實際的生理運作情形仍不太清楚，記憶究竟是埋藏於心裡還是深藏在腦海中？可不可能記憶也在身體所有細胞中呢？目前並無確切答案，唯一可以確定的就是，氣味乃記憶的最佳線索。

氣味活化我們的嗅覺神經，隨著引起許多情緒反應；在我們的生活環境中，到處充滿氣味，那夜香木的花香可曾影響你的情緒？

檸檬香茅經常出現在居家保健、清潔用品中，它的氣味是否與你的哪些記憶連結？

香氣萃取與調香

葉子戀愛時變成了花
花朵崇拜時變成了果

──泰戈爾《漂鳥集》

用來調香的精油、凝香體、原精、天然單體等芳香物質,多半來
自植物的花葉、果實、種子、根莖、樹脂、樹膠以及少數動物、
礦物,而能被萃取出芳香物質加以應用的即是香料。早年,人類
祖先深諳其道,以煉金手法,讓蓄滿如愛戀般能量的香料,蒸騰
出香氣,再藉著香氣,神遊天人之境;未幾,香氣開始了信仰,
於是有藝術修養的鼻子(調香師)們,以工匠手法,精巧善待著
蘊含各式情懷的香氣,化作香水。

古今中外,人類已經發展出各種萃取技術,用來濃縮、保存香料
中的芳香物質。從原始的浸泡、蒸餾,到現代的分子蒸餾技術,
萃取方法五花八門,也各有利弊。譬如蒸餾法,雖然能得到純淨
的精油,但因為高溫,某些細緻脆弱的芳香成分幾乎無法保留,
尤其是嬌柔的花朵。而新興的超臨界流體萃取技術,縱然能在溫
和的條件下,得到較佳的產量與品質,卻也因為專業設備等過高
成本條件限制,絕非一般家庭可以勝任。

不過,芳香來自於生活,親自操作、觀察、感受萃取出來的香氣
幻化,不一定要製作什麼產品,光是過程,就足以讓人發現另一
種生活樣貌,或許生命也就此轉化了。只要了解幾個簡單萃取香
氣的方法,無需昂貴設備,也可以在家享受自己萃香、調香之樂
趣了。

1

合香法

直接調合香料粉末

　　合香始自東漢，隨著佛教傳入中國，此法乃調配多種香料而成，形式種類有粉狀香末、塊狀香木、膏狀香泥等，主要用來薰香、焚香、燃香，或是敷抹身上的塗香。合香，類似香水中的調香，差別只是合香的氣味分子在於薰燃後的氣體，香水的氣味則是在熟成後的液體中，交糅轉化。

　　唐代之後，合香觀念開始遵從君臣佐使的原則，進行配伍、炮製，再按照節氣、時辰配料，最後還得經過至少一年以上窖藏，才能使用。每款合香皆有名目，也都有其作用目的，例如《香乘》所記載的「蝴蝶香」，配方是檀香、甘松、玄參、蒼朮各二錢半，丁香三錢，研成粉末後以蜜提煉，做成餅狀，於春天的花園薰燃，可以吸引蝴蝶前來；「窗前省讀香」的配方是菖蒲根、當歸、樟腦、杏仁、桃仁各五錢、芸香二錢，研末以酒調合，捻成條狀，讀書有倦意時焚燃，可以爽神不思睡；「醍醐香」的配方有乳香、沉香各二錢半、檀香一兩半，研末後再加入一點點麝香，用蜜調成餅狀，據說聞了令人舒適陶醉，通竅爽朗。

　　古人製香講究香料之間的搭配，製作流程也馬虎不得，或許對於一切講求速度的現代人來說有些不可思議，但我們仍可就近於中藥行購得粉狀香料（芳香中草藥），參考前人配方或自行搭配試著合香，將粉末香料置於缽中或罐中調合之後，直接薰燃即可，或是製成固體合香後再使用，也是可以的。

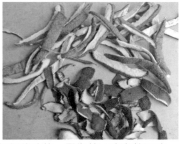

合香在型式上，可分為粉香、錐香、
線香、乾燥中草藥。

柑橘類的果皮要先行切細後陰乾，圖為柚子皮與柳丁皮。

捏塑成型的合香，很適合室外薰燃，讓淡淡清香飄入室內。香氣就取決於選擇調配的香料。

蜂蜜是調配合香最方便的黏著劑。

白芨是地生性野生蘭花，未開花時，像似一般的禾草。它的根部除了當藥用之外，也常被用來當作合香的黏合劑，中藥材店可以買到。

　　製作固體合香的黏著劑可用香楠粉、蜂蜜或白芨粉，除了定型之外，也不影響香氣表現，另外，我會在配料中添加少許碳粉（化工行有賣），因為碳粉可以穩定燃燒速度。固體合香可做成丸狀、餅狀、錐狀或條狀，若要製作線香，可將調配好的合香材料裝填入大號的灌注器（注射筒），擠壓出線條狀，待風乾之後便可燃香。

　　台灣的氣候及環境多潮濕，尤其梅雨季節一到，心情簡直也跟著要發霉了。這時候，薰燃一爐合香，不僅可以消除低迷氛圍，也可以芳香化濕。若對燃燒產生的煙霧過敏或不喜者，可以利用一般市售的精油薰香台，模擬煎香方式薰香，以蠟燭燃燒產生的熱能將香料香氣逼出，不同於燃燒而來的香氣，煎香產生的香氣較為清淡悠遠，也多了分醇厚。

合香製作法

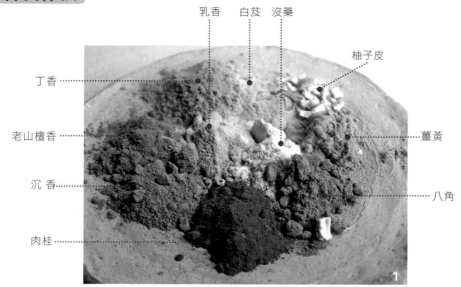

乳香　白芨　沒藥

柚子皮

丁香

老山檀香

沉香

肉桂

薑黃

八角

1

2

3

1　調配各式香粉（圖中的香料
　　粉末有老山檀香、丁香、薑
　　黃、白芨、乳香、沒藥、八
　　角、柚子皮、沉香、肉桂）。

2　裝入罐，均勻調合粉末。

3　調入黏著劑（蜂蜜）後就可
　　塑型，再放置通風處乾燥。

4　完成後的錐香。

4

合香粉末也可不必塑型，直接用蠟
燭精油薰香台，以煎香的方式加
熱，緩慢釋放出香氣。

2

浸泡法

以植物油、乙醇溶出香氣

　　浸泡是最簡單的萃取方式，直接將香料浸泡於溶劑中，將芳香物質溶出即可。溶劑有純水、甘油、植物油、礦物油（白油）、乙醇、己烷等，端視材料與想製作的產品來選擇。譬如想萃取單寧酸等水溶性成分，就用水、甘油或是乙醇；想萃取芳香物質等油溶性成分，就用植物油、乙醇或是己烷；如果都想萃取，用乙醇就好了。想製作按摩油則用植物油浸泡；製作香水當然以乙醇或己烷來浸泡萃取。一般不建議用純水及甘油萃取，因為大部分芳香物質不具親水性，水溶液萃取極易腐壞。

　　萃取前，部分材料要先做處理，例如肉豆蔻、白豆蔻等，堅硬材料必須先磨碎；草葉類等新鮮材料要先陰乾，再裁成細段，幫助香氣能比較有效被萃取出來。

浸泡萃取中的相思樹花油。

處理好的薰衣草裝入瓶中,再倒入植物油,經過替換浸泡油中的新舊材料、反覆萃取,就能得到飽含香氣的薰衣草油。由於是天然植物油,可直接用來按摩皮膚或當作香水油。

浸泡前的香料材處理

1　堅硬材料，必須先磨碎（圖為白豆蔻）。

2　生鮮香料材，要切細後陰乾，再裝瓶（圖為茉利亞薄荷）。

3　沒有香氣的花梗、枝條要先去除（圖為桂花）。

4　蒐集有香氣的果皮，去掉果肉部分，並切碎（圖為各種柑橘類果皮）。

用濾茶湯的簡單過濾器，就可以分離植物油與釋完香氣的香料材（圖為薰衣草浸泡米糠油的粗過濾）。

完成的植物浸泡油，用處很多，若以蜂蠟為乳化劑，還可製作面霜或芳香乳液（圖為用雷公根浸泡油做成的滋潤面霜）。

提煉飽含香氣的植物油

　　用植物油萃取是最天然、簡便的方式，但務必要先將香料乾燥，否則容易酸敗。橄欖油、甜杏仁油、分餾椰子油（冬天也不會硬化）、荷荷芭油，都是不錯的選擇。經過替換浸泡油中的新舊材料、反覆萃取，就能得到飽含香氣的植物油。

　　以分餾椰子油浸泡薰衣草為例，選擇一個乾燥玻璃空瓶，將薰衣草材料置入瓶內約 3/4 滿，隨後注入椰子油，以剛好淹沒薰衣草為止，旋緊瓶蓋，靜擺月餘，最後以紗布過濾殘渣，成品就是可直接拿來按摩、塗抹或調香的薰衣草椰子浸泡油，也是製作香水油（perfume oil）很好的基底油。若要再加強薰衣草香氣，可以將過濾後的浸泡油用來進行多次反覆萃取（浸泡→過濾→再浸泡→再過濾……）。當然，不一樣的材料，所需浸泡萃取的時間也不相同，作法甚至因人因地而異。例如歐洲傳統以療效為訴求的浸泡油，是必須曬太陽的，經由陽光的溫熱，將植物中的有效成分溶出來。浸泡植物油，最怕花草材料沒有完全乾燥而導致發霉，這是一門學問，有興趣的讀者可以參考商周出版的《植物油全書》。

礦物油品質穩定、透明且無味，用來純粹萃取香氣也是不錯的選擇，只是萃取出來的萃取液不能直接使用在皮膚，最後還要再用純乙醇將香氣自礦物油中萃取出來。方法是直接將乙醇倒入礦物油萃取液中，然後旋緊蓋子，劇烈搖晃，靜置數十分鐘，由於乙醇和礦物油無法相融，最後會自然分層（乙醇密度比油低），再將乙醇分離出來，裝入另一瓶中，這時，原本礦物油中的香氣成分，已經融入乙醇中了，此稱為「乙醇萃取液」，可用來當作調製香水的基底酒精（或稱香水基劑），直接拿來當香水使用亦無不可。此外，某些不怕加熱的香料，如木香、香附、水仙，用礦物油以不超過攝氏 60 度的低溫加熱萃取，也有很好的效果。我曾用此方法萃取過中國水仙花的氣味，得到的香氣就像天然水仙花的氣味一樣美妙。

用乙醇製作酊劑

乙醇能將香氣物質及親水物質溶解出來，浸泡萃取方法如前述，萃取出的成品就是「酊劑」（tincture），一般的藥用酊劑，乙醇和水要有一定的比例，然而為了萃取更多香氣成分，可僅用 95％藥用酒精進行（不加水），同樣用替換新舊材料的方式反覆萃取，可以得到氣味濃烈的酊劑。製成酊劑後，如欲將酊劑中的香氣成分分離出來，可將己烷與酊劑以液對液方式萃取註 1，方法同前述之乙醇對礦物油萃取液，香氣成分就會溶入己烷中，最後再將己烷萃取溶液以不超過攝氏 60 度的低溫加熱方式蒸發，留下的就是「凝香體」，如果萃取的材料原本就少植物蠟、色素、水分等雜質，那麼萃取出來的就是「原精」。

若使用礦物油萃取香氣，最後可再加入乙醇，以液對液方式，讓原本礦物油中的香氣成分融入乙醇後，再分離出乙醇萃取液，此成品可用來調製香水或直接當香水使用。（瓶中上層為乙醇，下層是礦物油）

酊劑的製作

乾燥的天然香料材，很適合作成酊劑，用 95％藥用酒精進行直接浸泡，同樣以替換新
舊材料的方式反覆萃取，可以得到氣味濃烈的酊劑。

月桃籽實酊劑

乳香酊劑

安息香酊劑

曾以新鮮的睡蓮、玉蘭花製作酊劑，也得到不錯的香氣萃取。

過濾之後的各式酊劑，不僅方便調香，過程中更能體驗不斷變化的芳香。

　　由於己烷是易燃性有機溶劑（沸點約攝氏 69 度），稍有操作不慎，極易引發火災，建議將己烷萃取溶液，委託有專業蒸餾儀器設備或是化妝品代工公司、學校等代為處理。再次強調，己烷非常容易蒸發、易燃，若真要自行操作，請務必戴著口罩、眼罩，勿吸入己烷氣體（神經毒害），周遭環境也不容許有任何火星出現，盡量遠離電器開關、廚房。

　　為了安全起見，我的作法是將己烷萃取液，以少量（20ml）倒入白色瓷碟，再將瓷碟放入真空容器中讓己烷自行蒸發，蒸發之後（己烷萃取液不再有液體流動，只剩下芳香物質）取出瓷碟，再利用橡膠空氣吹塵球將可能殘餘的己烷吹除即可，當然，這種自行蒸發方式，效率是很差的，必須花更長時間。

利用酊劑來製作香水似乎是一種過時的作法，至少在二十世紀現代香水出現之後，幾乎已被淘汰，然而在酊劑製作過程中，那種充滿期待的煉金態度卻又如此吸引人，因此近幾年天然香水的興起又重新開啟了酊劑的重視，許多富有實驗精神的現代天然香水師，也不斷從製作酊劑的經驗中去發現新的芳香氣味。關於酊劑的製作，其實沒有一定規則可循，從研磨材料開始，並與乙醇混合，到浸漬、過濾、熟化再過濾，所有程序亦非照本宣科就能有相同結果，因為酊劑本身就是一個不斷變化而充滿生命感的物質，只有實地操作，方能體驗其與天然香料之間碰撞出的火花。

就我自己的經驗，多數新鮮的植物並不適合用來製作酊劑，而乾燥的芳香中草藥、樹脂、動物性香料，則非常適合做成酊劑使用。例如乳香酊劑、楓香酊劑，不但本身氣味芬芳，也是很棒的香水定香劑註2，另外白芷、麝香、香莢蘭（香草莢）酊劑，也都能為香水帶來超乎想像的效果。一般應用於香水中的酊劑，約只占所有香料的 1%，甚至更低，可在調香的最後加入。如果乙醇已經用酊劑做先行定香處理註3，那麼就不用再添加了。當然，如果你高興，也可以自由添加，或許你會做出一瓶很棒的酊劑香水呢！

註1　「液對液方式萃取」是利用物質在不同溶劑中具有不同溶解度的關係，將該物質由其中某一溶劑移轉到另一溶劑的一種方法。例如疏水性的正己烷和親水性的乙醇彼此不互溶，將正己烷加入酊劑（乙醇）中，就可以將酊劑裡面的芳香物質溶入正己烷中萃取出來。

註2　定香劑，又稱留香劑或固定劑（fixative），它可以延緩香氣蒸散，讓香料在皮膚上隨著時間而產生不同變化。化學合成香水多以塑化劑當定香劑，天然香水領域則以揮發速度較慢的香料當定香劑，一些樹脂、動物類香料，如檀香、沒樂、乳香、楓香脂、龍涎香、麝香、麝貓香等都是，另外像是白芷、麝香葵、木香、岩蘭草、橡樹苔、岩玫瑰樹脂、快樂鼠尾草凝香體、香莢蘭等等，也有不錯的定香效果。

註3　製作香水的乙醇一般來說會講究些，氣味太刺激的乙醇是不適合拿來做香水的，那會干擾到香氣表現。專業的香水必須要用純度極高的蒸餾乙醇（葡萄酒蒸餾酒精），但在台灣很難買到如此高檔的乙醇，所以變通的方法是將 95% 藥用酒精先行去味，取乙醇量 10% 的活性碳粉及10% 矽藻土加到乙醇裡面，搖晃之後靜置 2 個月，最後將乙醇用濾紙過濾出來即可使用。有時我會將部分去味後的乙醇先行定香，即以乙醇量 2% 的安息香、香莢蘭酊劑、麝香酊劑、岩蘭草或是橡樹苔等香料，加進乙醇放置數月熟成，先行定香後的乙醇，已經不具酒精刺激性氣味，而且帶著淡淡的香氣，非常適合用來做香水。

己烷萃取液

己烷溶劑很適合用來萃取花類的香氣，方法同乙醇，直接浸泡香料反覆萃取，所得到的成品稱為己烷萃取液。

1　己烷萃取含笑
2　己烷萃取桂花
3　己烷萃取銀合歡
4　己烷萃取星星茉莉
5　己烷萃取綜合野花
6　過濾之後的各種己烷萃取液

用花草茶過濾
杯來過濾萃取
材料，非常方
便好用。

原精的萃取

1 　將取得的己烷萃取液，利用酒
　精燈隔水加熱，去除己烷溶劑
　之後，就能得到濃稠的原精（圖
　為荊芥原精）。

2 　也可以用吹塵器加速己烷溶劑
　蒸散，再以刮刀蒐集原精（圖
　為蒼朮原精）。

3

擠壓法

手工萃取柑橘類精油

　　擠壓的方式，一般只用在萃取柑橘類精油。如果想體驗居家萃取，可選擇某些果皮較薄的柑橘類果實。

　　先選擇一個附蓋子的廣口玻璃瓶，將柑橘垂直切成四等分，剝除果肉後的果皮直接以手擠壓方式，將精油擠入瓶內。依柑橘品種而異，通常約一百個本土柳丁可以獲取 5ml 的柳丁精油，冬天的油量又比其他季節多。累次擠壓入瓶的萃取液，除了精油，還包括許多水分、脂肪，所以在最後過濾精油之前，要先將萃取液放入冰箱冷凍，把一些游離脂肪固定下來，再以咖啡濾紙過濾。

　　柑橘之外的其他水果類，一般較難用擠壓法萃取香氣，但也並非全無可能，我嘗試過將鳳梨、香蕉、芒果、南瓜等氣味芳香的蔬菜水果，先以果菜機擠壓攪碎之後，再以己烷溶劑進行萃取，萃取過程和浸泡法一樣，很意外的，效果也不錯。

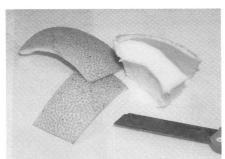

取下柑橘類果皮之後，直接將果皮精油擠入廣口瓶，再將萃取液冷凍，固定游離的脂肪，最後再以咖啡濾紙過濾，就能得到純淨的柑橘類精油。

擠壓完精油後的柑橘皮，還可用乙醇浸泡做成柑橘皮酊劑，利用柑橘皮酊劑還可進一步製作清潔劑。

將 1 份柑橘皮酊劑加上 3 份清水、0.7 份椰子油起泡劑、1 匙鹽，即可製作簡易清潔劑。

4

脂吸法

用固體脂肪吸收香氣

1　先在盤面上抹平豬脂。

2　再用刀子於豬脂上劃線，以
　　增加吸收面積，一一將鮮花
　　花瓣輕放其上，讓花瓣香氣
　　慢慢進入豬脂（圖為茉莉
　　花）。

　　脂吸法源於法國格拉斯，是一種古老
的香氣萃取技術。和植物油浸漬萃取道理
相似，都是利用芳香成分易溶於油脂的特
性，將香氣萃取出來，唯一不同之處在於，
脂吸法是用固體脂肪。

　　傳統上多用豬脂、牛脂進行萃取，
這類脂肪在常溫下呈軟固態狀，用來萃取
花瓣香氣最為適合。以豬脂為例（超市可
買到精製過濾後的純白豬脂），脂吸前須
先將豬脂去味：取豬脂量10％的硫酸鋁
銨（明礬粉）水溶液，加入豬脂中，熱火
攪拌煮二十分鐘，熄火，如此重複加熱攪
拌連續三次，再將豬脂置冰箱凝結，最後
把多餘水分瀝掉即可。接下來，準備一個
鐵盤（或玻璃板），將豬脂平抹一層（約
0.5cm）在盤面上，可於豬脂上以刀子劃
線，來增加吸收面積，再將鮮花花瓣輕放
其上，讓花瓣香氣逐漸進入豬脂，等花瓣
慢慢枯萎變黃之後，重新換一批新鮮花瓣，
如此反覆新舊替換，直到豬脂吸飽香氣為
止。判斷方式可用手指輕沾約米粒大小的
豬脂，抹在手上試聞，吸飽香氣的豬脂不
但香氣留香許久，還會隨著時間呈現出層
次變化，而未吸飽的豬脂，香氣一下子就
消散了，無可否認，這的確需要經驗。

　　茉莉花、晚香玉、小蒼蘭、玫瑰、香水百合等花瓣，很適合用脂吸法來萃取香氣，太細碎的花朵如桂花，就不適合用脂吸法萃取。我曾經以脂吸法同時萃取晚香玉、木蘭、含笑、小蒼蘭、山素英、柚子花、曼陀羅等香花，將綜合了多種香氣的香脂在手上抹開來聞，那神妙的香氣霎那間便彷彿春天降臨一般，美得讓人無法置信。

　　吸飽香氣的脂肪就是一種成品（pomade，稱香脂），可直接當香膏使用，如果再將香脂加入乙醇，並以攪拌棒反覆攪動，然後用濾紙過濾，就可得到充滿花香的乙醇萃取液（又稱凝香溶液），這已經可以當作香水使用了，也可當作製作香水的基劑，將香料放入就可開始調香。或是利用低溫減壓蒸餾儀器（化學儀器行可買到，一台七～十萬元不等）除去乙醇，可以得到脂吸原精（enfleurage absolutes），此種原精的品質比溶劑萃取的精緻許多，但製作過程繁複又費時，現已不多見。

　　在台灣如要用脂吸法萃取，一定要在冬天氣溫低的時候進行，否則豬脂會變得太軟，操作起來非常棘手，除非有大型冷凍庫或冰箱，那就隨時都可進行操作。除了豬脂、牛脂等動物性脂肪外，我也用過無味凡士林，凡士林吸收香氣的效果其實還不錯，甚至比動物性脂肪還要好，只是要再將其中香氣用乙醇萃取出來，就不是很理想了，因為凡士林質地太過黏稠。

各種花香的脂吸萃取

山素英

含笑

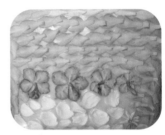

綜合鮮花

綜合野花

綜合野花

雞蛋花

夜香木

對於又厚又大的花
瓣,也可以直接塗
抹豬脂。

香水百合

木蘭

乙醇凝香溶液

吸飽香氣的脂肪，可以再用乙醇萃取出香氣。將乙醇倒入裝有芳香脂肪的瓶內，攪拌後靜置一日，待乙醇與脂肪分層隔開後，再將乙醇提出，即是乙醇凝香溶液，可當作香水使用。

5

調香

　　調香是製作香水或香膏最核心也最有趣的一部分。利用精油、原精、凝香體、酊劑來調香，已經有許多書籍可供參考，例如 Mandy Aftel 的《香水感官之旅——鑑賞與深度運用》、李迎龍的《香水入門》，書中不但詳細解說香料特性、調香步驟以及注意事項，也列有幾種配方讓人照本宣科地調配。

　　有人說調香是一門藝術，是「美」的過程，因為沒有準則，所以藝術難於教授。然而也不必以為無從學起，只要通過不斷的練習、試錯以及保有高度興趣和創意，終能一窺調香藝術奧祕之境。

　　那麼如何開始呢？有人先從雪松、岩蘭草等「底香」開始，再添入玫瑰等花香類「體香」，最後來到氣味輕盈的「頭香」，逐次、少量（以滴或是 ml 為單位）調合香料，邊調邊嗅聞，感受不同香料組合所帶來的變化；有人會將香料用乙醇稀釋到 10％的濃度再開始調香；也有人全憑喜好自由自在地創作，而熟悉芳香療法中各種精油化學成分的人，可以用屬性相似的材料（譬如芳樟、月桂、花梨木、高山薰衣草都是以沉香醇為主的香料）去調香，事實上，調香就如同繪畫一樣，膽大心細就是很好的開始。

自行萃取的各式原精，豐富了我的調香盤。

調香時一定要留下紀錄，內容包括香料種類、劑量、日期等等。

模擬香調也是調香的練習過程。此為我用丁香、橙花、伊蘭伊蘭，模擬馬拉克什香水。

　　過去幾年以來，我從市面上唾手可得的香料開始自學調香，在試錯過程中享受天然香料帶來的氣味盛宴，也從最簡單而親民的薰衣草、丁香、雪松、迷迭香、柑橘類開始，然後著魔似地尋找各種稀奇古怪的植物精油、原精或凝香體，只為一親芳澤，不料，一投入便深陷其中！調香過程真如繪畫調色般，只是最後成品是一瓶香水而非一幅畫。每每接觸到一種新的香料，便鑽研其來歷、生物學資料、萃取方法、氣味特質、類似氣味的其他香料，最後甚至嘗試自行萃取香氣，也注意起這些芳香物質的化學成分等等，蒐集的精油、原精、凝香體等香料種類，不斷豐富了我的「調香盤」。

　　在我練習調香三年多之後，已經大約熟悉市面上所有香料種類，深刻感覺僅利用精油、原精調香的不足，於是開始從生活環境中尋找值得開發的香料。從中藥行到野外，自行萃取香料、純化，再運用到調香中，我完全可以體會《香水》一書中的葛奴乙，將鐘錶、廢鐵等丟進蒸餾爐中的興奮，調香真的樂趣無窮。本書，除了我自己萃取過的香料以外，也會將一些適合用來調製香水的精油、原精、凝香體，一併介紹。

調香工具

　　所有調香工具都可以在化工材料器具行找到，需要準備燒杯、不鏽鋼攪拌棒、筆和記錄本、玻璃瓶、滴管、標籤紙等。使用的香料種類和劑量，一定要記錄下來，否則當你調出一種喜愛的氣味卻已經走過不留痕跡，殊為可惜。

精油、凝香體與原精

　　植物行光合作用後，將部分養分轉化成的芳香物質就是精油，它存在於植物的花朵、葉子、莖、木材、樹皮、樹根和果實等不同部位的油腺囊中，具備調節溫度、預防疾病、保護植物免受外來細菌及昆蟲侵害的功能。一般精油的萃取方式是採蒸餾法。

　　溶劑萃取法之後，以低溫加熱方式將溶劑除去，所留下的第一道香氣物質稱為凝香體（concrete，又稱淨膏），它是一種固體狀蠟糊，由大量芳香成分、植物蠟、色素所組成，保有完整的香料天然氣味，是我最喜歡的香水、香膏創作材料。

　　若再將凝香體用乙醇反覆萃取，最後以低溫減壓除去乙醇，所留下的即是純粹的芳香物質──原精（absolute，又稱淨油），由於原精比凝香體多了一次萃取過程（原精萃取自凝香體），而且是濃縮後的成品，香氣非常濃郁強烈，必須經過稀釋之後，才會有天然氣味的表現。

快樂鼠尾草精油（左）與原精（右）。

左為以蒸餾法萃取的白玉蘭精油，右為己烷萃取的木蘭科花類凝香體。

1 香水分類

香水依香料添加濃度可分為濃香水（Parfum，縮寫 P，20％～ 30％）、香水（Eau de Parfum，縮寫 EDP，15％～ 25％）、淡香水（Eau de Toilette，縮寫 EDT，10％～ 20％）、古龍水（Eau de Cologne，縮寫 EDC，5％～ 15％）。

濃香水含有最高濃度的香料，持續時間有時長達數日，通常都是以少量沾抹在手腕及頸部使用。香水的持久度會比淡香水來得理想，持續時間約一整天。淡香水的乙醇比例稍高，較容易揮發，持續時間約半天，適合喜歡清爽氣味的人。古龍水多半以清爽的柑橘調居多，適合在運動、洗澡之後使用，也有人認為古龍水就是男生專用的鬚後水（after shave）。

另外有一種清涼水（Eau de Fraiche），香料濃度和古龍水差不多，但是乙醇含量較多。製作天然香水時，我通常不考慮香料濃度問題，反而比較在意香料之間是否相互調合，一般在完成作品之後，經計算才會知道香水濃度類別。

2 香水味階

天然香水擦在皮膚上，隨時間、體溫而呈現不同的氣味轉化，大約可分為頭香（top note，前調）、體香（middle note，中調）和底香（base note，底調）。

頭香是指氣味輕揚易於發散的香氣，如柑橘類、青草類、辛香料；體香大多以花香為主，例如茉莉、玫瑰等，是香水氣味最佳表現的時刻，傳達著這瓶香水的精神；底香則是揮發最慢，能令人仔細回味的香水餘韻，多由樹脂、動物類香料構成。

當然有些香水的調香是不考慮這種味階概念的，只由柑橘和花香也能撐起一種香調。

3 香調分類

　　現代香水的氣味，一般可被分類為女香、男香或中性香；如果以香料做分類，大約可分為花香調（Floral）、東方香調（Oriental）、柑苔香調（Chypre）、馥奇香調（Fougère）、木質香調（Woody）、綠意香調（Green）、柑橘香調（Citrus）、辛香調（Spicy）、皮革香調（Leather）及海洋香調（Oceanic）。

　　當然從中又可細分為單一花香調、花束香調、東方花香調、綠意花香調等等，其中比較特殊的是柑苔香調和馥奇香調。柑苔香調的氣味主要由橡樹苔、佛手柑、岩玫瑰所構成；馥奇香調是法文的蕨類，在香水中又稱為「薰苔香調」，也由橡樹苔為主，但加強了薰衣草的成分。東方香調的底香，添加了許多龍涎香或麝香，表現的是一種古老而神祕的氣質。

香水的熟成

天然香水一定要經過時間的洗禮、沉澱、轉化，才會醇美，尤其以花香調合了木質香的香水，經過熟成後，氣味往往有如蛻變後的蝴蝶，讓人驚喜。香水之熟成概念，如同芳香療法中所重視的調合精油之協同作用，也就是說，剛完成調香的香水，其內各種香氣分子仍進行著微妙的化學變化（譬如酸遇到醇將轉化為酯），最終變化將趨於和緩，此變化過程就是熟成。

一般書籍建議放置陰暗處一個月（因日光會加速天然香水氧化變色），我的經驗則是四個月以上。如果想降低香水的天然色澤，調香完畢後可再加入約 1％的高嶺土，同時多加入 2％的蒸餾水，以平衡過濾後損失的香水體積。在過濾、正式裝瓶前，需要一星期的冷凍處理，目的是將一些游離的液態脂肪、花蠟等雜質固定結晶，以方便過濾。

這是野花「2011 之香」的熟成靜置過程，可見瓶底有花蠟等雜質沉澱。我習慣在瓶身貼標籤，直接標示調香時加入的材料。

裝瓶前的過濾

7

　　剛開始製作天然香水，一定會苦惱於「如何讓香水溶液清澈透明」，坊間也有教授各式乳化劑、界面活性劑的應用，但我嘗試後的結果並不理想，因為這不僅會影響香水流動品質，有時還會影響氣味的表現，因此我不用這類添加物。

　　純水（蒸餾水、去離子水）在香水中的比例是關鍵，調香完成之後，再以點滴的方式添入純水，一邊慢慢添加一邊觀察（避免嚴重霧化即可，但這又需要經驗了），如果調香中加了很多原精或凝香體，那麼就需要一些過濾助劑（高嶺土、皂土或硅藻土都可）來幫助澄清及過濾，之後再放進冰箱冷藏沉澱。但是，過濾助劑的添加也有可能吸附部分芳香成分，影響了成品香氣強度，這一點需要注意！也有人會在香水中加入約1％檸檬酸鈉等螯合劑，以穩定香水色澤和香氣。

　　裝瓶前的過濾動作非常重要，先以咖啡濾紙（我偏愛廚房用炸物吸油紙）進行粗過濾，將沉澱的雜質過濾出來，最後再以針筒過濾器，進行細過濾到香水瓶即可。記得香水瓶要先以酒精消毒後再使用。

香水熟成後過濾的程序

Design your own perfume

標籤或包裝等設計，也是香水吸引人之處。

1 熟化香水經過冷凍沉澱之後，先用咖啡濾紙或炸物吸油紙進行粗過濾，可以除去沉澱的雜質。

2 再以針筒過濾器進行細過濾，注入香水瓶。

3 我自創了這種層層過濾方式（上層為砂藻土，下層為活性碳），濾出的香水極為純淨。

4 過濾之後，取樣分裝在小小針管香水瓶中，可以用來保存製作過的香水紀錄。

調香手記
SA.

野花
3ml.

為創作的香水貼上標籤設計，更能擁有自己的風格。

Part

3

天然香料
花朵篇

風引清芬暗裏來 素花隱約傍莓苔
貪迎月露飄香滿 更領蟾蜍死魄開
—— 孫元衡《月下香》

花朵，乃植物演化上的一個極致，是為了繁衍，由葉子特化出來的一種構造。然而，它的功能不在繁衍，而是引誘，一如求愛中之男子獻殷勤，也像女人柔媚以對，在適切時刻，綻放所有美好。

花朵多樣的姿態、色彩及香氣，不但豐富了人類創作靈感，同時也陶冶著性靈之樂；而花香，那帶有惑人心弦的魔力，即使閉上雙眼，都能遇見如天堂般的繽紛花園。

在香水材料中，花朵類香料通常較為昂貴，可能的理由，除了不易萃取外，它也最吸引人們注意，聞了會帶來好心情的花香，誰不愛呢？此類香料應用於調香中，常被視為一瓶香水之主體氣味，因此所占比例稍高，如果強調以單一香花氣味為設計重點的香水，比例甚至可達 40%。一般輕盈氣味型香花（金合歡、苦橙花、桂花等），若與白芷、茴香、沒藥等氣味厚重的辛香料或樹脂香料搭配，香氣往往難以表現。不過，也可以經過試驗，自行拿捏份量，或許也有新發現，我曾以晚香玉和中國肉桂進行調香試驗，發現以三份晚香玉對一份中國肉桂有最佳香氣表現。

柑橘花

Citrus blossoms

檸檬類的柑橘花，花瓣帶有粉紅色（上圖為台灣香檬花，下圖為檸檬花）。

　　如果世界少了柑橘花的芬芳，香水產業該是要跟著黯然不少吧！在商業市場上，一般用來萃取香氣的種類，只有苦橙花和甜橙花，前者香氣高雅細緻，後者甜美動人，有時候兩者統稱柑橘花或橙花。除此，多數柑橘樹所開的花朵都有非常迷人的香氣，細細品味可以發現每一種柑橘花的獨特氣質，例如清香襲人的文旦柚花、台灣香檬花和檸檬花；略帶梅香和甘草香的金桔花；甜到心坎裡的八房柑花、椪柑花及柳丁花等等，唯一讓我意外的是海梨柑花，它竟然沒什麼氣味（花幾乎無香，葉卻很香）。

　　不同柑橘花的香氣，多少可由葉子和果實嗅出它們的影子，聞葉而知花香，也是柑橘花異於其他花朵類香氣的一大特徵。在調配柑橘花香水時，我喜歡將柑橘葉和果實的成分一併添加，許多柑橘葉原精的底蘊會有一絲絲麝香的感覺，尤其是台灣香檬和海梨柑。葉子的香氣，同樣以浸泡或蒸餾就可萃取。

八房柑花　柳丁花　金桔花　柚花　檸檬花　海梨柑花

柑橘類的花朵，外型十分類似，氣味也可以是辨識的方式。

　　柑橘花香氣成分中，以芳樟醇（沉香醇）、檸檬烯、乙酸沉香酯為主，而橙花叔醇、金合歡醇、鄰氨基苯甲酸甲酯、吲哚等微量成分是其中的特色成分，不同產地、季節及萃取方式，對柑橘花香氣的呈現多少會有些影響。就苦橙花來說，一般多認為突尼西亞和摩洛哥所產的品質最佳。蒸餾萃取的橙花精油，香氣有較豐富的果實感，部分偏花香的成分（芳樟醇）多溶於水，其蒸餾副產品——橙花純露，反而貼近真實花香。柑橘花原精氣味比精油多了些動感熱度，因為原精中含較多「吲哚」，這種含氮化合物是大分子，不太能被蒸餾出來。

　　純吲哚有著一股特殊的糞臭氣味，它存在於許多像是茉莉、水仙、夜香木、七里香、橙花、梔子花等白色香花之中，當然也可以在動物糞便中找到！科學家以演化角度推測，許多釋放含吲哚香氣的花朵乃模擬動物排遺的氣味，除依靠日間活動的蜜蜂、蝴蝶之外，還能吸引夜間活動或嗜臭昆蟲如蛾、蒼蠅等，來幫助它授粉。十九世紀以前，只要是花香調的天然香水中，一定有吲哚成分，它可以為香水增添飽滿馥郁的色彩，可惜這成分也非常容易因為光照而變質（易造成香水色澤變深）。

曾經有香水師將茉莉原精裡的吲哚除去，以為茉莉花的氣味會更好聞，
結果卻發現氣味變得單調無趣。其實，花香中吲哚含量是極微的，卻有
著左右花香生命靈動的分量。每年三月下旬的清晨及傍晚，若行經盛花
中的柚子園，一定能嗅得空氣中飄忽不定的清爽柚花香，那是隱含了吲
哚的款款騷動，也是春天裡忍不住的氣味。

柚花

柳丁花、台灣香檬花

金桔花

柑橘類有大量的花朵，自家種上一株便可萃香，我也曾向農人購買一整株柚子花，那一年大量製造
了柚子花香水，非常開心呢！

金桔花香水

香氣萃取與實用手記

柑橘花綜合萃香

柚花原精

1　三月是柑橘類的盛花期，籠統來說，所有柑橘花有著共通清新甜美的氣味品質，從採集到萃取，可以將數種柑橘花集合起來一起進行，以此綜合萃取方式獲得的柑橘花凝香體或原精，氣味近乎完美！

2　近幾年，出現用溶劑從橙花純露中萃取的橙花水原精（Orange Flower Water Absolute），這種原精氣味清新香甜，沒有柑橘花原精厚重華麗，是一種清透感十足的柔美花香，由於希有少見，售價也比柑橘花原精和精油高。

3　調香時，單以柑橘花原精加小花茉莉原精（含量各占 10％），輔以芳樟醇為主的精油（花梨木、薰衣草等），加上幾款可以延續香氣壽命的乳香、檀香、紅沒藥（Opoponax），再用佛手柑等輕盈的柑橘類精油，就可製作一款動感輕靈的香水。

七里香

Murraya paniculata

七里香的果實成熟後為紅色。

七里香英文稱 Orange Jessamine 或 Orange Jasmine，暗指這種芸香科植物花朵的香氣，足以媲美茉莉，花香恬淡遠揚。搓揉它的葉、果，還有類似柑橘的氣味，幾乎一年四季皆可賞花觀果。小時候見其未熟青果，總以為那是小檸檬，但為何檸檬會長成紅色，卻又十分困擾。

七里香是道地亞洲植物，台灣、印度、馬來西亞、菲律賓、中國，都有分布，又有十里香、千里香、萬里香、滿山香、月橘之稱。全球七里香屬（月橘屬）植物達四十多種（包含變異種、園藝栽培種），台灣原生 4 種，分別為七里香（月橘）、長果月橘（*Murraya paniculata var. omphalocarpa*）、蘭嶼月橘（*Murraya crenulata*，又稱蘭嶼山黃皮）及山黃皮（*Murraya euchrestifolia*），所開的花皆有香氣，其中長果月橘是台灣特有的地域變種，僅分布蘭嶼和綠島，與七里香的外型差異是花、果相對較大。近年來，花卉市場所謂的大花七里香，正是由長果月橘培育而來。聞嗅七里香和大花七里香的花，可發現些微差異，七里香稍甜膩，而大花七里香較為清淡，然二者共有一種綠

色感的花香特質。雖說全年可見七里香花開，想聞花香並非難事，但真正的盛花期，一年僅二至三次。

　　七里香的花、葉、果均有氣味，國外研究發現，以蒸餾和溶劑萃取的七里香氣味，主要成分是不一樣的，蒸餾的香氣中以芳樟醇、金合歡烯、石竹烯為主；溶劑萃取的，以淚柏醇、吲哚、橙花叔醇、苯甲酸苄酯占大部分。

香氣萃取與實用手記

萃取前要將沒有香氣的枝葉、花梗去除，再入瓶。

隔水加熱除去溶劑後，用刮刀蒐集原精。

左圖為己烷萃取，右圖為超臨界流體萃取的七里香原精。

1　主要花期在初夏至初冬。萃取香氣前，必須先將花與枝葉分開，稍稍陰乾，否則萃取出來的物質混有太多葉子氣味，反而減損花香特質。

2　七里香暗黃如凝脂般的原精，清香美好又帶有蜂蜜底蘊，和橙花、金合歡原精、白豆蔻、蘇合香、乳香酊劑、黃檸檬及一點點薄荷，進行調香，可以帶來初夏金色日光般的香氣感受。

3

白玉蘭

Michelia denudata

幾種常見的木蘭科香花植物（由上而下為白玉蘭、台灣烏心石、含笑）。

　　白玉蘭即是俗稱的玉蘭花，向來予人阿嬤級的印象，不單是許多人來自童年記憶中阿嬤髮際上的玉蘭，那氣味更是沉靜古典，特色鮮明。若從生物學角度來看，白玉蘭屬於木蘭科植物，本科植物是顯花植物中最古老的一群，也是擁有最多香花的一群，所以，潔白的玉蘭，散發的正是一種光陰凝煉的氣味，無怪乎最上阿嬤心頭。

　　台灣常見的木蘭科植物如白玉蘭、含笑、夜合花，是在明鄭時期（1661～1683）隨軍隊移師台灣；又稱木蘭的洋玉蘭則是在二十世紀初由日本人引進栽植。台灣原生木蘭科植物只有烏心石和烏心石舅二種（也是特有種），中文名稱雖然只差一個字，但它們分別屬於烏心石屬（*Michelia*，或稱含笑花屬）及木蘭屬（*Magnolia*），而這兩屬的簡單區別，就在於木蘭屬的花為頂生（花開在枝頭端），烏心石屬則為腋生（花開在葉腋）；所以，白玉蘭、含笑、烏心石算同一群姊妹；夜合花、洋玉蘭是另一群兄弟。

夜合花

洋玉蘭花大如蓮，香氣淡雅，反而沒有木蘭科香花予人的豔甜香氣印象。

　　大部分木蘭科植物的花朵具明顯香氣，像是玉蘭花的甜膩清香；夜合花濃烈的鳳梨水果香；大如荷花般的洋玉蘭，氣味倒是輕柔，還帶有極淡的檸檬香；含笑花的香氣就比較奔放了，不若它給人的外在形象「含笑如何處，低頭似愧人」，而是熱情洋溢又充滿香蕉氣息的豔香；相較之下，綻放於寒冷季節的烏心石花則顯柔美淡雅，帶有茉莉綠茶氣息。以常見的玉蘭花而言，除香氣外，它也象徵忠貞不渝的愛情。電影＜滾滾紅塵＞中，女主角沈韶華的寄情自傳小說「白玉蘭」，就意喻她對男主角章能才難以割捨的感情。在印度，比玉蘭更常見的是金玉蘭（ *M. champaca* ，或稱黃玉蘭、金香木），花型較玉蘭粗壯，氣味濃烈芳香，頗有熱帶風情，它常被撒於新婚床上，同樣象徵著愛情。

　　白玉蘭一年抽發3次新芽，依次為二月、六月及八月，往往於抽芽後花苞也跟著成形，以六、八月所開的花香氣最好，在夏夜涼爽微濕的空氣中，很容易感受到玉蘭花瀰漫的香氣，隱約滲入胸臆，非常舒服。

黃玉蘭花朵外型較白玉蘭粗壯，香氣亦較為濃豔奔放。

香氣萃取與實用手記

含笑花

烏心石花

木蘭科的白花都具有香氣，蒐集花材後，
可分別或綜合萃取。

夜合花花朵碩大，適合用脂吸法萃取。

1　白玉蘭的花葉皆可萃取香氣，以溶劑萃取的玉蘭花原精，比蒸餾萃取的
　　精油還濃郁香甜，玉蘭葉原精氣味也有玉蘭花影子，但綠色草葉感（草
　　腥味）較濃，可以用來模擬茉莉花中吲哚的感覺。

2　**玉蘭花油**：逢夏季，天氣暖熱，用椰子油萃取玉蘭花香，是極品。將新
　　鮮玉蘭花陰乾後，以椰子油浸泡 3 天，然後過濾、替換新鮮玉蘭花，如
　　此反覆萃取幾次後，可得芳香滿溢的玉蘭花油，適合用來按摩身體。只
　　是萃取時，每次使用的新鮮花材切記勿浸泡超過一星期，否則會出現一
　　股難聞的氣味。

用乙醇萃取白玉蘭，製成酊劑。

木蘭科己烷綜合萃香

以白玉蘭和烏心石綜合萃香的
木蘭科凝香體。

椰子油雖是硬油，但只要室溫不低於攝氏 23 度就不會凝固。以夏天的溫度，用椰子油當作基礎油，製作各種花草浸泡油，剛剛好！若要用來按摩身體，就盡量不用養分已被破壞殆盡的分餾椰子油來浸泡，若不介意其中養分之有無，用分餾椰子油來按摩也可以。在質感方面，分餾椰子油比天然椰子油更具流動性，如水一般，而且冬天不硬化，穩定性高，不易變質，用來替代價錢昂貴的荷荷芭油當作香水油基底，也非常棒！

3　　**木蘭科原精**：其他木蘭科香花由於材料來源不如玉蘭花充沛，有時將含笑、烏心石、白玉蘭、金玉蘭以溶劑共同萃取（洋玉蘭因花朵過大，用脂吸法有不錯效果），所獲得的原精我稱為木蘭科原精，這種原精的香氣著實令我驚喜，彷彿自創香料般有非常大的樂趣，後文的綜合野花香（112 頁），即是依循花季，共同萃取的香料，這種香料可說世上獨有，別無分店。

4

山棕

Arenga engleri

自生在山野間的山棕植株。

山棕果實也是山裡動物的糧食。

　　自開始實驗萃取氣味以來，每每走入山林總愛東聞西聞，從地面朽木冒出的菇蕈到樹上花果枝葉，隨時湊近鼻子感受一番。若空氣中飄散著奇特氣味，也一定非找出來處不可。對山棕產生興趣，就從它那不可思議的花香開始的，通常在五月傍晚，只要漫步郊山林徑，偶爾可以聞到一股忽遠忽近，若有似無的幽香，那便是山棕花開始施展夜的魔法。

　　初聞山棕花，我立刻聯想到原產於印尼的伊蘭伊蘭，同樣是濃豔型香花，但山棕花卻多了點魅惑感，那是屬於夜晚的費洛蒙，而且愈夜愈香，傳播甚遠，許多森林小動物都會被它的花香吸引，彷彿宣告著暮春最後一場盛宴即將開始。

　　台灣原生的棕櫚科植物有 5 屬 7 種，山棕是山棕屬唯一植物，又稱虎尾棕、黑棕、山椰子、台灣砂糖椰子，普遍分布在全台海拔 1100 公尺以下山野，植株矮小者呈根生狀，有大型奇數羽狀複葉，長大時可達 3 公尺，樹型粗獷優美，可當作庭園觀賞植物。

未熟雄花序

雄花序於五月間紛紛綻放。

　　山棕全身上下都有利用價值，除了葉鞘、葉子、葉柄可製成釣竿、繩索、掃帚、刷子、砂糖等日常用品，最吸引人的莫過於花期在五至六月間的山棕花，山棕雌雄同株異花，肉穗花序不但美觀，花香同樣讓人印象深刻，足與檳榔花媲美。早雄花一個月開花的雌花，花蕾圓形氣味清淡；雄花花蕾長形，氣味濃郁，尤其入夜之後，香氣散發更加急遽，森林動物被其香氣影響，猶如中了迷魂香，朝聖般往開花株前進，先是昆蟲，然後蛙類、蜘蛛、爬蟲類，接著鼠類、鼬獾或白鼻心，這隱形的生態食物鏈，彷彿因著氣味活色鮮香了起來，而山棕花散發的香氣食帖，如同昭告著辦桌訊息！採集山棕花得趕香氣式微前進行，通常在清晨四、五點，往往還可發現許多流連忘返的小動物。

　　山棕花香氣的主要成分為橙花叔醇、紫羅蘭酮、芳樟醇、香葉醇、金合歡醇等，幾乎是多數香花所具備的關鍵成分，難怪非常之香。

香氣萃取與實用手記

雄花氣味濃郁，大串花序取材相當方便。

山棕花原精

1 **山棕花油**：用植物油（推薦分餾椰子油）多次替換花材、浸泡萃取，可得一金黃色山棕花油，色澤優美氣味脫俗，是製作香水油很好的基底。若直接拿來當按摩油，可再調入馬鞭草與羅馬洋甘菊，將是奢華享受。

2 以乙醇或己烷溶劑萃取，可得橙黃色凝香體或原精，將山棕花原精、使君子凝香體、小花茉莉原精、晚香玉原精，芳樟葉、白松香、麝香葵、月桃籽、文旦柚等精油和楓香酊劑一起調香，香氣凝煉直白，尾韻稍有香莢蘭清甜，一如蕭邦的夜曲，令人陶醉，若說本土最值得開發的香水材料，山棕花絕對是第一名。

5

桂花

Osmanthus fragrans

　　木犀科（*Oleaceae*）植物中有許多赫赫有名的香花，譬如紫丁香、茉莉等，當然桂花也是其中之一，相對於紫丁香的華麗豔香、茉莉的性感媚香，桂花顯然是此科香花中落居冷宮的佳人。然而佳人也有賞識者呀，桂花寂寂自飄香的特性，因與傳統讀書人浸淫於求知過程的寂寥不謀而合，自古以來是中國文人所標誌的香氣代表。

　　說起桂花，該是無人不知曉，在中國人心中，桂花秋月象徵富貴團圓（桂音同貴，吳剛伐的可是砍不死的桂花樹），但桂花予我的印象是追尋，小時候因為循著這股清香，找了好久才輾轉來到一處古老日式建築的圍牆邊，我駐足牆外，貪婪的嗅聞空氣中自院裡飄逸出來的桂花香不捨離去，也不知逗留多久，總之那是生平初識桂花的遙遠記憶。長大後，即便已萃得桂花香料，仍汲汲於桂花開放的腳步，每年從秋末首次桂花綻放，直至隔年夏初花季末了，採桂花、聞桂花一直是種滿足的追尋。

　　桂花原產中國西南地區，淮河流域以南較多見，市面可見品種有四季桂、銀桂、丹桂和金桂，其中以金桂香氣最濃，也是用來萃取原精的主要品種；丹桂花橙色，氣味次濃，常供藥用或園藝觀賞；銀桂和四季桂是一般最常見的品種，香氣稍淡。

　　桂花香氣中，主成分為沉香醇氧化物、酯類、丁香酚、癸醇、紫羅蘭酮、沉香醇、橙花叔醇、壬醛等，其中最特殊的是紫羅蘭酮，那是香水師最推崇的香氣成分之一，甚至比玫瑰的苯乙醇、橙花的吲哚還珍貴。自然界中含紫羅蘭酮的植物大多有非常迷人的香氣，比如山棕花、香菫菜（紫羅蘭）、波羅尼花、金合歡、檸檬馬鞭草、大馬士革玫瑰、鳶尾草等。純紫羅蘭酮氣味其實無令人驚奇之處，卻能和別的芳香分子融合得相得益彰，說穿了，紫羅蘭酮就是灰姑娘腳上的水晶鞋，分量不必多就能將其他香氣琢磨至完美；若以職業作比喻，紫羅蘭酮恰似一本好書的主編，人們往往注意書的光采卻忽略了背後為人作嫁的大內高手，紫羅蘭酮就有這番魔力。

香氣萃取與實用手記

桂花凝香體

桂花植物油萃取。分別以荷荷
芭油、白芒花籽油浸泡。

此款桂花香水，是借用有奶香的水菖蒲，帶出奶油桂
花的韻味。

1　在香水材料中，屬於東方氣味的桂花，向來不若玫瑰、茉莉被重視，許
　　多以單一香氣為主的香水，也少見桂花身影，原因除了萃取率太低以外，
　　桂花本身香氣和其他香料調合，非常容易被掩蓋！因此調配桂花香時，
　　切記勿用肉桂、白芷、百里香、迷迭香、薄荷等，氣味強烈的香料一起
　　調香。

2　以溶劑萃取所得的桂花原精，氣味清雅柔美，帶一點點杏桃水果和木質
　　氣味，調香時可以考慮和含有紫羅蘭酮或酯類（麝香葵、木香、茉莉等）
　　的香料一起進行，也適合與有奶香氣息的水菖蒲、晚香玉一起調香，曾
　　有不錯的香氣表現。

6

茉莉

Jasmine

小花茉莉

星星茉莉

多花素馨

木犀科素馨屬（*Jasminum*，茉莉屬）蔓藤植物或灌木所開的花，統稱茉莉花，全世界至少 200 種，若將亞種、變種、培育種包含進來，種數將超過 650 種，本屬花朵多具濃郁芳香，主要分布於亞洲熱帶至亞熱帶氣候區，少數分布於南歐、非洲，其中僅數十種具觀賞、藥用、香料等價值。茉莉又稱耶悉茗花、野悉蜜、抹利、鬘華、抹厲、莫尼、柰花、木梨花等，多是佛經上的音譯，茉莉香非但受人們喜愛，更與佛門淵源不淺，自漢代傳入中國後，便以壓倒性姿態博得「人間第一香」美名。

東方的茉莉泛指小花茉莉（*J. sambac*，或稱阿拉伯茉莉、中國茉莉），台灣的小花茉莉在十七世紀由中國華南引進，直至十九世紀後隨製茶業興起，為了窨茶目的才有了專業性栽培。二十世紀初，由於茶行均集中在台北大稻埕一帶，因此沿淡水河、新店溪旁有許多茉莉花田，彼時台灣茉莉花生產面積已達 230 公頃，可說是全盛時期。小花茉莉是茉莉綠茶（香片）主要用來窨茶的種類，虎頭茉莉、單瓣茉莉、神聖茉莉等，都是培育自小花茉莉的品種，以單瓣茉莉香氣最濃，虎頭茉莉外型似迷你牡丹，花瓣雖多，可是香氣最淡。

粉苞茉莉

山素英

　　西方的茉莉指的是素方花（*J. officinale*，又稱秀英花）或大花茉莉（*J. grandiflorum*，又稱素馨），植物分類學家認為，大花茉莉應該是素方花的一個變種。香水業中的茉莉原精，以大花茉莉和小花茉莉較常見，有時商品名是以出產地稱謂，如摩洛哥茉莉、埃及茉莉等，皆來自大花茉莉或素方花。

　　台灣原生的素馨屬植物有4種，分別是披針葉茉莉花（*J. lanceolarium*）、山素英（*J. nervosum*）、華素馨（*J. sinense*）及川素馨（*J. urophyllum*），花多半清香，其中山素英已被推廣為園藝栽植，香氣素雅略帶甘甜。另外，市面上可見幾種適合在家種植，值得自行萃香的種類，我非常推薦星星茉莉（*J. auriculatum*）和多花素馨（*J. polyanthum*）。星星茉莉的花期長，花香於傍晚開始散發，吲哚氣味明顯；多花素馨花期雖短，但花量大，香氣強烈、熱情十足。此外，目前彰化花壇仍有契作茉莉花田，以小花茉莉為主，專供飲品公司窨茶，每年六至十月茉莉盛產期，可直接與花農購買新鮮茉莉來萃取。

　　茉莉香氣成分主要由乙酸苄酯、鄰氨基苯甲酸甲酯、乙酸苯乙酯、苯甲酸苄酯等苯基酯類構成，其他特色成分還有金合歡烯、沉香醇、素馨酮、吲哚、茉莉內酯等。大花茉莉中吲哚含量稍高，香氣豔麗熱情，動感特質較強，西方人認為有催情效果；小花茉莉香氣清麗飄逸，有草葉般清新感（金合歡烯稍多），較符合東方人含蓄性格，若將玫瑰分別與大花茉莉及小花茉莉調香，所展現的香氣，一個是西藏唐卡，另一便是潑墨山水。

香氣萃取與實用手記

彰化花壇鄉夏季盛產小花茉莉，直接購買大量鮮花，萃取相當豪氣啊！

1　茉莉花以溶劑萃取會有很好的香氣表現，雖然文獻曾提及以脂吸法可得
　　較多原精，但因製作工序過於繁瑣，相形之下溶劑萃取反而效率高。以
　　我自己的經驗，大約 5 台斤小花茉莉可得 10ml 的凝香體，若以原精萃
　　取率 0.2％計算，5 斤小花茉莉只能萃得 4 滴原精，換句話說，1ml 原
　　精得用掉 25 斤新鮮小花茉莉（以 1ml 約等於 20 滴計），無怪乎茉莉
　　花原精價格向來不便宜。

2　曾將星星茉莉、山素英、大花茉莉、小花茉莉、多花素馨、毛茉莉共同
　　萃取香氣（萃取過程長達一年以上），所得香料稱為素馨原精或素馨凝
　　香體，此綜合了多種茉莉香氣的香料，在初次感受時，我幾乎以為是天
　　地間第一香了！且令人讚歎的是，素馨凝香體的氣味比原精還細緻。

幾種素馨花的綜合萃香。

野香茉莉香水

星星茉莉花的浸泡萃香。

大花茉莉原精（左）、小花茉莉
凝香體（中）、星星茉莉凝香體
（右）。

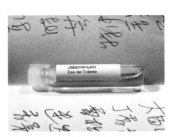

野香茉莉的針管香水。

栀子

Gardenia jasminoides

園藝種的栀子花多為重瓣。

原生種的山黃栀為單瓣花。

雖說香花不美，美花不香，但其實對於賞味、審美一直是主觀認定的，有遇過不喜玫瑰氣味的人，說是呆板無趣，也有避茉莉氣味唯恐不及的人，說是噁心。我喜歡享受氣味的起承轉合，若視某氣味只是一句形容詞，那可能錯失了與氣味實際經驗所帶來的真正了解，因為氣味不單只是印象中的標籤，還能啟發情緒，繼而因人而異地幻化為各種鮮活感受，特別是能讓人產生愉悅，而無法一言以蔽之的香氣，它比較像一首心靈短詩，只能用心閱讀，多說無益。幾十年前曾在灑滿月光的栀子樹下，對伊人說著拌了花香的甜言蜜語，一度栀子花還成了兩人信物，如今滄海桑田，再見栀子花，內心那首關於愛戀的詩篇仍然要隨花香泛小漣漪，對我來說，栀子花已非美不美、香不香的了。

但在多數人印象中，栀子花絕對是香花中之翹楚，即使不識此物為何物的人，見其潔白花蕾，也一定先入為主地認為此花必有奇香。原產於亞洲南部的栀子花，來自茜草科栀子屬植物家族，別名黃栀子、玉荷花，果實富含栀子素、藏紅花素成分，是天然黃色染料的重要來源，同時也是傳

統中藥材，具有護肝、利膽、降壓、止血、消腫等作用，將果實搗碎，研末加水調糊，包敷扭挫傷處，據說有神效。

本屬中的山黃梔（*G. jasminoides* Ellis.）是唯一台灣原生種，分布於海拔 1500 公尺以下的闊葉林內，以北部山麓居多。此外，國內可見的梔子花種類還有重瓣梔子（又稱玉堂春、大花梔子、大葉梔子）、小花梔子（又稱水梔子、雀舌花）、斑葉黃梔等，其中以重瓣梔子最常見，花大而美，香氣濃厚，現多半為公園綠籬植栽，想親聞其香並非難事，難的是，它的香氣不易被收服。

梔子花氣味濃郁，香甜中透著些微綠葉青草般的奶香及果香，其氣味的主要成分為金合歡烯、沉香醇、己烯醇酯、乙酸苄酯、乙酸芳樟酯、苯甲酸乙酯、苯乙醇等。目前市面上所見的梔子花天然香料，以原精為主，法屬留尼旺島（La Réunion）是主要產區，約 5 公噸鮮花僅能萃出 1 公斤原精（萃油率 0.1％），原精呈淡黃色微黏液體，花香馥郁。我連續三年以溶劑才萃得 5ml 重瓣梔子凝香體，萃取率之低可見一斑！

香氣萃取與實用手記

梔子花凝香體

1　用分餾椰子油以低溫油萃，會有不錯的效果，所得製品充滿梔子花香氣，可當作香水油基底。

2　用梔子花凝香體、小花茉莉凝香體、銀合歡原精、月桃籽原精、荊芥原精，永久花、萊姆、蘇合香等精油一起調香，可創造出清靈的花香調，也適合做成香膏，留香時間很長。

8

森氏紅淡比

Cleyera japonica var. *morii*

森氏紅淡比在夏季開花。

日本人視紅淡比（*C. japonica*）為木神，日文漢字「榊」即用以尊稱此類植物，其他像是枔木、八角、日本扁柏等也被稱為榊，常見於祭儀使用。除紅淡比外，在台灣還可見長果紅淡比（*C. japonica* var. *lipingensis*）、森氏紅淡比、早田氏紅淡比（*C. japonica* var. *hayatae*）以及太平山紅淡比（*C. japonica* var. *taipinensis*），都是紅淡比的變種，後三者更是屬於台灣特有變種，以森氏紅淡比最為普遍，它的外型也最像榕樹，沒開花時不少人都會誤認，然而從它的紅色嫩芽可以和榕樹有所區別。

森氏紅淡比是山茶科紅淡比屬植物，全台均有分布，尤以北部低海拔森林中較為普遍，性喜陽光，在初級演替環境中常是優勢樹種，我的居家環境附近就有森氏紅淡比純林，每年夏季花期到來，我總被花香吸引了去，像蜜蜂似地忙著採花。其實，森氏紅淡比花也是重要的蜜源植物，台灣產的蜂蜜品項就有「紅淡蜜」。

厚皮香的花，氣味與森氏紅淡比非常相似。

　　森氏紅淡比花香清淡，單聞幾朵不易感受到奇特之處，但若將它集聚起來，便可嗅出一種隱約而熟悉的氣味，很像台灣早期婦女粉餅的香氣，輕透明亮的粉香，聞之令人舒爽。台灣還有另一種山茶科植物——厚皮香（*Ternstroemia gymnanthera*，又稱紅柴），雖不同屬，但所開花朵香氣和森氏紅淡比花幾乎相似，細微差別在於厚皮香花的香氣較為典雅、含蓄，而森氏紅淡比花稍稍外放、活潑。厚皮香同樣也是蜜源植物，蜜蜂採花所釀蜂蜜就稱為「厚皮香蜜」，由於是珍貴的結晶蜜，品質比紅淡蜜好。

香氣萃取與實用手記

厚皮香凝香體

採集的厚皮香花朵，在萃取前先陰乾。因為不論己烷萃取還是植物油浸泡萃取，水分盡量去除才不致影響萃取品質。陰乾的目的就是去除水分，部分花朵（例如茉莉、桂花、玫瑰）經過陰乾程序，還能萃取出更多獨特成分。

森氏紅淡比原精

1　曾以溶劑和油萃（葵花油）兩種方式萃取森氏紅淡比花，以油萃的效果較佳，飽含花香的葵花油可直接拿來當按摩油；若想製成香水油基底，則必須以分餾椰子油或荷荷芭油較適當。

2　溶劑萃得的凝香體氣味，類似清爽版的山棕花加一點點芳樟和玫瑰。用木蘭科原精、木香原精、玫瑰原精，薰衣草、一點點土肉桂、葡萄柚等精油，山柰酊劑及麝香酊劑與之調香，可以創作出一幅天光遼闊般氣韻的香水。

9

銀合歡

Leucaena leucocephala

銀合歡陸續開花中。

許多人為因素引渡的外來物種，有如引狼入室般潛藏危機，舉凡布袋蓮、小花蔓澤蘭、銀膠菊，後來造成的生態災難，比比皆是。銀合歡也是一例。原產於中美洲的銀合歡，因為葉子和種子富含蛋白質，是當地傳統畜牧業的極佳飼料，十六世紀，先是西班牙人將它引進菲律賓，當作綠肥、飼料；十七世紀，再由荷蘭人自爪哇引進台灣，一樣供作薪材及飼料用途。

由於銀合歡根部所分泌的含羞草素會抑制他種植物生長，排他性極強且無天敵，加上特殊的繁衍方式（大量種子、萌蘖），不超過百年，銀合歡以強勢姿態，攻城掠地般擴張野外族群，單就恆春半島而言，許多本土植物家園早已被銀合歡取代，造成生物多樣性流失。

銀葉合歡與銀合歡是不同植物,用它的花所萃取的原精有極好的甜香。

　　但銀合歡何其無辜?剛開始,鄉村人民物盡其用地將銀合歡充作牲畜飼料、薪材、製作家具,使得銀合歡族群受到控制,而不致危及其他樹種。民國五〇年代,台灣開始推廣經濟造林,砍除原有的雜木林,改種銀合歡純林以製造紙漿出口。當時,這股「銀合歡造林」風氣也吸引許多企業大量投資栽種,只為生產造紙原料,後來因獲利不佳,無法與進口紙業競爭,於是銀合歡林被財團棄置,任其在山野恣長。銀合歡正好是因為人類的短視近利而導致身受其害的一個寫照,最後還落得「生態殺手」惡名。幸好這些年,國內外相繼有了防治對策,譬如針對銀合歡特殊成分,研究出抗糖尿病藥方、開發銀合歡相關產製品等等,既然無法根除,那就好好地利用。

　　銀合歡是含羞草科銀合歡屬植物,別名白相思子、細葉番婆樹、臭菁仔。除了提供家畜飼料及薪材功能外,還能保持水土、定砂、固氮。在香水業,另有一種銀合歡原精,其實來自稱為「銀栲」(*Acacia Dealbata*,又稱銀葉合歡、黑荊樹)的植物,為避免誤導混淆,稱為「銀葉合歡原精」似乎較妥,這種原精氣味異常香甜,很適合與綠色青草或花香調香料,一起調香。

香氣萃取與實用手記

以己烷萃取銀合歡花，可得檸檬黃顏色的半固體狀原精，輕柔花香中，夾雜著西瓜或是小黃瓜般水感氣質（watery floral），非常好聞。讓我好奇的是，這原精竟與鮮花的氣味相去甚遠，看來，銀合歡花也是另一種適合被開發的香料。

逢盛花期，收集花材十分容易。

以己烷溶劑萃取銀合歡香氣。

銀合歡原精

10

使君子

Quisqualis indica

萃取前，要先將花梗去除，只留下一片片花瓣。

中藥裡，使君子的乾燥果實（種子）是著名驅蟲藥，以前常被用來對治小兒蛔蟲、蟯蟲問題，現在由於衛生條件改善，已經很少用。使君子始載於《南方草木狀》中，原稱留求子，《開寶本草》才稱使君子，中文名據説是為了感念一位小兒科醫生郭使君而來。

使君子被歸類於使君子科使君子屬，是一種蔓生灌木植物，原產中國南部、印度、緬甸、菲律賓、馬來半島以及新幾內亞，也是著名觀賞植物。初識使君子，以為不香，後來在家附近發現一大叢野生族群，滿滿地蔓生，幾乎淹過鄰旁的白匏仔、五節芒，紅白相間的花朵也毫不客氣地團簇招搖。晚間散步至此，上前驅鼻一聞才知，原來是夜香類香花，而且這香氣，竟讓我覺得有意想不到的優雅特質，這下隨即挑起了萃取香氣的欲望，特別是有一大叢啊！對我而言，萃取香氣最大的問題往往不是技術，而是材料來源，此時不萃更待何時呢？

使君子花香不若其外型給人張牙舞爪般印象，而是輕柔內斂，獨特優雅的感覺，像似玫瑰混合了零陵香豆，香氣成分主要為芳樟醇氧化物、金合歡烯、己烯醇苯甲酸酯等等。

香氣萃取與實用手記

以使君子凝香體、橙花、水菖蒲、香莢蘭為主要香料調製
的香膏，洋溢著一股蜂蜜奶香，連小朋友都愛。

1　夏季為盛花期。萃取前，須將細長花梗除去。以溶劑可萃出白色凝香體，
　　氣香甜如糖葫蘆，揮發尾韻帶有杏桃果香感。由於使君花蠟偏多，因
　　此凝香體很適合用來製作香膏。

2　用無水乙醇從凝香體再次萃取，經冷藏、過濾，蒸去乙醇，可得半固體
　　淡色原精，香氣持久。與柑橘花、金合歡、七里香等清淡花香類一起調
　　香，不但可增添甜香氣質，還可延長香氣停留時間。若不蒸去乙醇，亦
　　可當作香水基劑，直接拿來調香也可得到香莢蘭效果。

11

晚香玉

Polianthes tuberosa

重瓣晚香玉

單瓣晚香玉

　　還好台灣的園藝切花產業中，晚香玉一直是受歡迎的，讓我不至於太難找到萃取材料。許多人都認為此花以單瓣香氣最足（國外也是用單瓣品種為萃取原精的主要類型），但從我的經驗得知，無論單瓣、重瓣，其實都很好，若細細品嚐其香氣，單瓣晚香玉較為溫暖，並帶點奶似的濃蜜花香；重瓣則多了細緻的綠色草香氣息，是一種非常飄浮而柔美的花香。晚香玉也是我一聞就上癮的香花，愛它更勝玫瑰。

　　屬於夜香花的晚香玉，別號月下香，只要在客廳瓶插幾枝晚香玉，夜深人靜便能感受其吐露之幽香。性喜溫暖陽光充足的氣候，原產中南美洲，十六世紀，墨西哥人就已進行人工栽培，後經西班牙人將它帶到亞洲。最早引進台灣的晚香玉，和含笑、白玉蘭一樣，約莫於十七世紀中葉隨鄭成功部隊而來，此時期，台灣的外來種植物多引自華南地區。

晚香玉原先和水仙同屬石蒜科，後來被納入從石蒜科獨立出來的龍舌蘭科，是多年生球根花卉（塊狀地下根）。在墨西哥阿茲特克（Aztec）古文明中，晚香玉是奉獻給神明的祭品之一，也被應用於傳統民俗醫療，據説有防腐、抗感染、止疼、抗痙攣、催眠、麻醉以及春藥的效果。就其香氣而言，我願意相信晚香玉真有催情之效，在品嚐香氣之後，幾乎都能將好心情給催發出來。香氣主要成分為苯甲酸甲酯、鄰氨基苯甲酸甲酯、苯甲酸苄酯、香葉醇、橙花醇、金合歡醇、丁香酚等，與伊蘭伊蘭、白玉蘭、水仙一樣，都屬於苯基酯類香花植物。

香氣萃取與實用手記

以晚香玉為主調的白色香花夜色主題香水。

此款用荷荷芭油浸泡萃取的香花油中，晚香玉有相當重的份量。

1　原精萃取不算難，僅需留意濾取過程中，一定要將水分除淨（花瓣含水多）。以溶劑可萃得暗黃色凝香體或原精，凝香體保有較多綠色草香，也較接近真實花香。晚香玉原精初聞時，氣味是深沉飽滿的甜蜜花香調，接著便化作輕軟氤氳，幽香四溢。

2　我尤其喜歡晚香玉和白豆蔻的組合，用來營造夜色中輕柔誘人的氣息，比起用茉莉更有情境。

12

夜香木

Cestrum nocturnum

夜香木花期持久，花朵細小，夜晚盛開，香氣濃烈。

茄科植物都有特異氣味。

菸草也是茄科植物，其葉也可萃取出菸草原精。

　　夜香類香花（夜香花）是指白天無香，夜裡卻散發奇香的香花植物。一般來說，夜香花要比日香花的香氣濃烈，散發範圍也較廣，夜香木即是最佳代表。夜來香、夜香木、晚香玉，此三者中文名稱有時讓人分不清楚，甚或偶有張冠李戴之誤認發生，其原因不外乎因夜香花而起，許多在夜晚散發香氣的花朵，人們習慣以「夜來香」稱之，所以，無論夜香木、晚香玉、月見草或紫茉莉等夜香花，皆共用過夜來香之名。實際上，夜來香（*Telosma cordata*）專指一種夾竹桃科夜來香屬的藤本植物，一樣在夜晚散發濃香。

　　夜香木原產美洲熱帶地區，1910年日本人自新加坡引進台灣栽培，別名夜丁香、夜光花、木本夜來香等。多數人一定對它印象深刻，特別是它那濃郁得令人訝異的香氣，甚至有人因為它的香氣而失眠，最後將種植夜香木的鄰居告上法庭。難道真有香至極處反為臭之情事？何以濃郁的玫瑰香尚不致遭人嫌？我想唯一的問題癥結大概來自於出身吧！

夜香木是茄科夜香木屬木本植物，許多開香花的茄科植物，其氣味縱然馥郁，但仔細嗅聞，花香中多少都帶有某種青臭（如夜香木）或辛辣刺激感（如大花曼陀羅）的特異氣味，而茄科植物家族中盡是臥虎藏龍的角色，可助人（枸杞、番茄），也可害人（顛茄、洋金花、曼陀羅），種種特異氣味成分就是茄科香花植物的香氣特質，猶如蛇蠍美人。我喜歡被夜香木的香氣勾引，尤其在運動後流了滿身汗，歇坐夜香木灌叢下，燃支菸，沉醉在抒情的香氣夜色裡。

香氣萃取與實用手記

至今我的萃香試驗對於夜香木仍然束手無策，試過脂吸法、低溫油萃法、溶劑萃取等，成效都不怎麼滿意，很難將香氣中珍貴的花香特質留住，萃得的凝香體有種不好的氣味，不僅青臭，甚且有點噁心，用於調香，我還需要多點時間和創意來與之磨合。雖然脂吸法有不錯的效果，但花朵細碎，操作起來也很麻煩。最近發現，用超臨界流體萃取，可以有效留住花香！不過，因此法具有相當危險性，並不建議新手嘗試。

剛採集完準備萃取前的乾燥處理。

夜香木原精

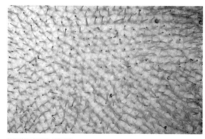

以脂吸法萃香。

13

大花曼陀羅

Brugmansia suaveolens

夜晚盛開的大花曼陀羅，白日裡
花朵垂掛顯得軟弱無力。

大花曼陀羅花色極多，白、粉紅、
橙黃，十分吸引人。

　　和夜香木同屬茄科家族的大花曼陀羅，有長約 30 公分下垂喇叭狀的花朵，因此外國人給了它一個美麗而富神話意念的外號──「天使的號角」，在國內俗稱喇叭花，中藥別名洋金花，是種名震中外的奇花異卉。大花曼陀羅是曼陀羅木屬的木本植物，和另一種曼陀羅屬的草本植物──曼陀羅花（*Datura stramonium*），二者皆為有名的致幻植物，花型外觀雖相似，但曼陀羅花並非下垂狀，很容易辨識。

　　大花曼陀羅原產於南美洲，1910 年引進台灣作為觀賞樹種，由於性喜溫暖潮濕之地，很能適應本土氣候，目前在山澗、溪谷或森林邊緣，可見大面積族群生長，以北部陽明山及中部溪頭地區尤甚，到了花季，盛開的花叢往往為樸素的山林景色妝點美麗，特別是夜裡，這些號角彷彿吹著螢亮的芬芳，瞬間幻化為帶有魔幻特質的喇叭手。

　　大花曼陀羅花朵的氣味略微辛辣刺激，帶著淡淡的奶油檸檬味，仔細聞，似乎也有一點點玫瑰花香氣，有人以儀器分析發現，花朵的揮發氣味主要由桉油酚、羅勒烯、月桂烯、香茅醛、橙花醇、橙花叔醇、香葉醛為主，香氣中幾乎不含它最為赫赫有名的莨菪烷類生物鹼（tropane）註，所以，單單品嚐它的芳香是不會中毒的。不過我曾有過非常奇妙的經驗，那晚犯了牙疼，為了轉移注意力就去慢跑，忽然來到一處盛開著大花曼陀羅的廟旁，驚喜之下，我趨近貪婪地享受它的芬芳，原來這花的氣味在夜晚是如此濃烈，像是看不見的磁力般將我牢牢吸住……。飽嚐花香後，於返家途中，突然意識到，牙疼居然好了！聞香若真還能止痛，那也實在太美妙了。

香氣萃取與實用手記

試過脂吸和溶劑萃取法萃取其香氣，以脂吸效果較佳。由於大花曼陀羅花瓣大而薄，脂吸前，先將花瓣切開比較好處理。脂吸後的香脂，直接塗抹指尖嗅聞，香氣甚為高雅古典，有種讓我沉靜的感覺。

因花瓣碩大，以脂吸法萃香時，要將花瓣剪開，花瓣內側貼上豬脂。

註　莨菪烷類生物鹼，其名稱源自於茄科植物「天仙子」，莨菪鹼（hyoscyamine）、東莨菪鹼（scopolamine）均為其衍生物。莨菪烷類生物鹼主要存在於古柯科植物（古柯樹）和茄科植物（天仙子、顛茄、曼陀羅、馬鈴薯、番茄）的花、葉或果實種子之中。

也是番荔枝科家族植物的伊蘭伊蘭，花朵輻射對稱、花蕊螺旋狀排列。

14

鷹爪花

Artabotrys hexapetalus

鷹爪花

如葡萄串的鷹爪樹果實。

　　有蔓生伊蘭伊蘭（Climbing Ylang-Ylang）之稱的鷹爪花，於 1661 年引進台灣，是早期鄉村地區相當常見的圍籬植物，無奈城鄉結構變遷速度太快，這花現已少見。

　　在住家附近某社區內，植有一株生長多年的鷹爪花和兩株瘦高的伊蘭伊蘭，夏天花季一來，白日採鷹爪，夜晚採伊蘭，都讓我感到滿懷芬芳幸福。鷹爪花和伊蘭伊蘭分屬不同屬種，但都是番荔枝科家族植物，本科植物最著名的就是釋迦，和木蘭科植物同屬於木蘭目，它們的花部結構都呈現出原始的特徵，像是花朵輻射對稱、花蕊螺旋排列方式，最具特徵的是花朵內密集生長的雄蕊群與雌蕊群，而且所開的花多具迷人芳香。

　　在中國，鷹爪花自古就是寺廟、宮廷花園的著名香花之一，建於清初的廣州海幢寺中，就有一株三百多歲的鷹爪花，據說在明末便已被栽種，年代比海幢寺還要久遠，因而有「未有海幢，先有鷹爪」之說。鷹爪花花香誘人之外，特別是它成串如葡萄般的果實，而在結果之前，每朵花

旁都配置了一個堅硬似掛鉤狀的結構，那是用來勾住其他附著物，支撐成串果實重量的精巧設計。有人說，其中文名來自於花朵形狀似鷹爪，但我覺得用來形容此堅硬鉤狀物或許更為貼切。

鷹爪花的香氣發散和含笑一樣，受溫度影響很大，一般在正午過後，花朵由綠開始轉黃時，香氣最足（黃過頭香氣就慢慢消退），初聞時濃郁得像似攪了蜜的花香，又似某種香甜糖果，整體花香混合果香的感覺，使人舒心開懷，和純粹花香的伊蘭伊蘭截然不同。鷹爪樹所開的花雖然不多，但小小的花卻飽含了芳香能量，像是一顆小炸彈，一旦發香，威力無窮。

香氣萃取與實用手記

鷹爪樹加伊蘭伊蘭等香花，綜合萃香的原精，有一種熱帶南洋般，散發令光的花香。

1　以乙醇或己烷溶劑可萃取出凝香體或原精，也可將花朵直接浸泡於荷荷芭油中，製成充滿鷹爪花香甜氣息的香水油。

2　鷹爪花凝香體和伊蘭伊蘭原精、大花茉莉原精、麝香葵原精、大黃原精、白豆蔻原精、楓香脂酊劑，以及薑（少許）、丁香、薰衣草、快樂鼠尾草、岩玫瑰、柚子等精油一起調香，香氣鮮明、大膽而直接，要說是 Henri Matisse 的野獸派，亦無不可。

花朵由綠轉黃時香氣最足，是最佳萃取時機。

15

中國水仙

Narcissus tazetta var. *chinensis*

春天養幾盆中國水仙放在窗口欣賞，是我例行的春節樂趣，賞姿品味向來是春天盛開花朵的重頭戲。舉凡鬱金香、風信子、西洋水仙、陸蓮花、仙客來、報春花等都是，其中最愛的還是美姿、香氣具足的中國水仙。

石蒜科的水仙，是球根花卉的一種，原種約八十餘種，將亞種、變種、園藝品種包含進來，則種類至少超過 1000 種。一般概分為西洋水仙和中國水仙兩大類，西洋水仙花大型，以豔麗黃花居多，沿地中海為分布中心，並擴及北非、中亞；中國水仙花多而小，以白花占多數，分布於中國東南沿海溫暖而濕潤的地帶，福建漳州、上海崇明島、普陀山等地皆是著名水仙產地，也有人認為中國水仙是在西元八世紀時，由貿易商經絲路傳入中國，因此，中國水仙被視為西洋水仙的一個變種。

中國水仙是春節應景盆花，短時間裡以水養殖便能品賞花姿與香氣。

　　一般用來萃取原精的水仙種類有：口紅水仙（*N. poeticus*，英名 jonquil）、黃水仙（*N. pseudonarcissus*，英名 daffodil）和法國水仙（*N. tazetta*，法國格拉斯附近多野生族群，和中國水仙算同一品種）。口紅水仙和黃水仙氣味相近，原精有時候也被相互混合販售；法國水仙則是目前用來萃取原精的主要材料，荷蘭和法國為主要生產國。

　　若是以自己栽植的水仙來萃取香氣，也許會很不捨，因為就那麼寥寥幾株。2012 年剛過農曆春節，因緣際會遇得附近園藝場一批滯銷卻正值繁花盛開的中國水仙，老闆非常爽快地將所有水仙便宜賣給我，這才讓我有機會豪氣干雲地不必憐香惜玉，進行氣味萃取。由於機會難得，為此我做足了把梳工作，得知水仙花的特性，終於萃取到充滿真實中國水仙香氣的凝香溶液。

香氣萃取與實用手記

以水仙凝香溶液調製的綜合野花香水。

以小蒼蘭和水仙等綜合脂吸之後,再用乙醇萃取香液基底。此圖正是香水熟化的沉澱過程。

1　水仙耐得住高溫,因此我用礦物油進行熱萃,最後再用乙醇將吸飽水仙香氣的油萃取出來,得到的製品便是凝香溶液,效果相當不錯。將此凝香溶液當作香水基底,拿來調製花香調香水,或是與香莢蘭酊劑、梔子花原精、香葉萬壽菊等帶有果香氣質的香料一起調香,都很適合。

2　也可用溶劑萃取成凝香體或原精,香氣主要揮發成分為肉桂酸甲酯、乙酸苄酯、香菜烯、苯甲醇、苯甲酸苄酯、苯甲酸甲酯等,濃郁香氣中透著醉人的綠色草腥特質(因含有吲哚),同時帶有風信子和茉莉的甜美感覺,香氣可持續很久。

16

小蒼蘭

Freesia hybrid

花店就能買到的小蒼蘭，主要花期在冬、春兩季，香氣獨特。

　　小蒼蘭原產於南非，國內又稱香素蘭，非但有獨樹一格之香氣，而且花色鮮豔多彩，深受園藝界喜愛，目前栽培的大花品種，是經過人工雜交而來。和射干、鳶尾草、番紅花同屬鳶尾科植物，本科植物以花大、鮮豔、花型奇特著稱，用於園藝觀賞為主，有些也作為藥用或萃取芳香油。

　　試驗脂吸法的時候，小蒼蘭是少數讓我驚喜的材料之一，許多資料都記錄著小蒼蘭氣味難以萃取，在香水業裡，所有小蒼蘭香料均為化學合成的，如果在市面上看見販售小蒼蘭原精，幾乎可以確定那一定是化學合成香精，但我以脂吸法竟能萃出它的香氣，這真是給了我無比信心和樂趣。

　　小蒼蘭香氣清淡優雅，雖無令人印象深刻的特質，但它是少數以芳樟醇為主的香花，花香中隱含著些微清新的胡椒氣息。不同花色所散發的香氣也存在細微差別，譬如開白花的小蒼蘭，香氣中多了一點辛香，而其他顏色的花朵，大多帶些綠色青草香，以黃花小蒼蘭的香氣最濃，我用來脂吸萃取的即為此種。小蒼蘭散發的香氣除了含大量芳樟醇以外，其他香氣成分還有單萜類、乙酸苯乙酯、苯甲醇、紫羅蘭酮、檸檬烯、羅勒烯、萜品烯等。

　　曾有人將栽種在土裡與被摘下來的小蒼蘭切花所散發的氣味，用頂空採樣技術（Headspace GC）分析發現，香氣表現也不太相同。栽植中的小蒼蘭香氣中，保有二氫-β-紫羅蘭酮、β-紫羅蘭酮及其衍生物，而切花小蒼蘭則無這些香氣分子，但多出了吡嗪（pyrazines，有微弱芳香，與吡啶為同分異構物），但無論種在土裡或是切花小蒼蘭，芳樟醇依舊是兩者最主要的香氣成分。

香氣萃取與實用手記

以脂吸法萃取時，可以將花瓣一一撥開，
或者整朵花朝下插入豬脂。

小蒼蘭凝香溶液是極佳的香水基劑。

1   用脂吸法萃取小蒼蘭之前，必須先將花朵縱裁成扁平狀，由於花瓣纖薄，
    脂吸一夜即可置換新鮮花材，如此反覆直到脂肪吸飽香氣為止，再用乙
    醇反覆沖洗香脂，即可得到小蒼蘭凝香溶液。可直接將凝香溶液拿來當
    作香水，或是作為香水基劑，都很棒。因我萃取的量不多，小蒼蘭凝香
    溶液最後成了那年我調配野花香水「2012 之香」的基劑。

2   若再講究些，還可將凝香溶液以減壓低溫蒸去乙醇，可得脂吸原精。

17

睡蓮

Nymphaea spp.

住家附近靠山崖邊，也不知是哪位有心人竟營造出一畦水生植物，我和朋友閒暇時總愛去撈些土孔雀來養。幾年過去了，看似有經營卻也雜物垃圾橫陳，雖如此，那些逕自生長的睡蓮、荷花、水燭、金魚藻等水生植物仍欣欣向榮，夏天更是它們展現無比生命力的季節，尤其是淡藍色睡蓮和白色荷花，似乎無視於腐爛的生長環境，愈開愈美，亦讓我有機會飽嚐芬芳。這個不知身家的淡藍色睡蓮非常奇妙，養於水田開的是大花，移植於住家小缸，開的卻是小花，不變的是香氣同樣迷人。

睡蓮（Water lily）和蓮（Lotus）其實不同，蓮又稱荷，睡蓮葉貼水面，而荷葉挺水，二者通稱蓮花，詩經中稱作水芙蓉、水芝、澤芝等，佛經稱蓮華，在東方國家兩者均被視為吉祥花卉，非但栽種歷史悠久，民生應用方面也廣，譬如當作食材的蓮子、蓮藕、蓮心，均來自荷花；睡蓮當中，部分香水蓮品種的花朵也被利用在烹調、泡茶、製酒，甚至醫療美容（含豐富植物性胎盤素）。睡蓮被歸類於睡蓮科睡蓮屬植物，本科植物台灣有 3 屬 8 種，其中台灣萍蓬草（*Nuphar shimadae*）還是珍貴希有的水生植物。

有水中皇后雅稱的睡蓮，大致可分為夜晚開花，白天閉合的「子時蓮」；以及白天開花，夜晚閉合的「午時蓮」兩類。子時蓮以白花較常見，午時蓮花色多彩豐富。多數蓮花皆具香氣，荷花淡雅樸素，睡蓮濃烈豔麗，氣味由烷烯類與酯類構成。一般用來萃取原精的有藍、粉紅和白色蓮花。

睡蓮也是常見的切花植物。

香氣萃取與實用手記

這是為朋友製作的香水 SIZU，以睡蓮、佛手柑氣味為主調。

1　萃取氣味之前，需先將花蕊下部的輪盤狀構造切除，僅揀選花瓣、雄蕊
　　（雄蕊是主要香氣來源），以溶劑進行萃香，可得深棕色凝香體，將凝
　　香體再以乙醇反覆萃取，最後蒸去乙醇，可得深橘色原精。

2　睡蓮原精散發的是一種略帶草葉氣息的濃厚花香，隨時間不斷熟化，花
　　香特質將亦趨圓融，與銀合歡原精（非銀葉合歡）、丁香原精、蜂蠟原
　　精、乳香酊劑，以及白玉蘭、永久花、木香、甜沒藥、紅橘、水菖蒲、
　　廣霍香（香附亦可）等精油一起調香，可創造出煙霧繚繞般的神祕花香。

18

綜合野花香

Wild flowers

五彩茉莉

蜘蛛蘭

細梗絡石

常見的香花植物

　　還記得，剛學會一點粗淺萃取氣味的方法時，內心洋溢著孩童發現神祕遊戲基地般的興奮，也在生活中不時地探索、試驗，並享受著氣味帶來的快樂。自行開發蒐藏的香料亦擴充了調香盤範圍，往往還來不及調香試驗，便又被其他的發現或想法給吸引過去。某日，記不得哪來的緣由，突然靈光閃現，開始嘗試一種新鮮作法，就是在萃取過程中創造香料，或許是無心插柳之下的柳暗花明，而這個始料未及的「又一村」，效果著實令我驚喜！

　　說白了也不是什麼奇特方法，念頭的開始大約如下：無論用來萃取氣味的材料是來自中藥行、花市切花、自家種植或是野外採集，多多少少會剩餘幾許，將這些剩餘材料集合起來「共同萃香」，便可創造意想不到的新奇香料，譬如前文提到的柑橘花原精、木蘭科原精、素馨屬原精或凝香體，都是將屬性相似的材料共同萃香，所得香料八九不離十仍帶有該屬性特有的芳香印記，差別是，這種綜合香料的氣味，帶有比單一芳香印記更加豐厚的色彩。

樹蘭

灰木

蓮花

紫花霍香薊

台灣百合

　　道理雖簡單，卻也非一蹴可幾，我必須強調，「等待」仍然是天然香水的首要本質，從材料蒐集、萃取、調香、熟成，若無等待，那就如同將所有新鮮食材、調味料放入烹具而不開火。所以，共同萃香沒有時限！曾有一年，由於梔子花開得不甚理想（因前一年開得過於瘋狂），為了這香氣，我得再等一年。而所有被萃取的氣味物質，也不定時地添入溶劑裡萃取、過濾、保存，然後依相同操作程序，重重複重重，且伴荏苒時光，最終經「等待」萃煉過後，氣味分子彼此相互碰撞、融合、轉化，一種即將被創造出來的香氣亦漸趨成熟。某日，這香氣自然會告訴你：時間到了，將我收進調香盤吧！此時，將溶劑蒸除即是新創的凝香體、原精香料。

　　對我而言，野外採集的樂趣最大，不必搜刮，僅取試驗所需，非但滿足自我的蒐集欲望，也不至於壞了生態。台灣一年四季皆有香花植物接替盛開，春蘭秋桂、夏荷冬梅，絕對能讓親近自然的人一點也不無聊，而更多逕自綻放於山林的野花，譬如山林投、豔紫荊、野百合、白瑞香、山素英、細梗絡石、川七、金銀花等，氣味更是教人難忘。由於採集來的芳香野花數量都不多，非常適合以共同萃香方式進行萃取，所得凝香體、原精的氣味，雖無法被預料，但香氣之美麗絕對可以期待。

這些年，我以年度為單位，持續進行「野花共同萃香」萃取香料，非常隨性地有花堪折直須折，也非常不科學的無魚蝦也好，採集到什麼就記錄什麼，儘管如此隨意，但採集和萃取過程卻是記憶鮮明，像是2011年木蘭花的採集，是好友陪同的，木蘭花香中帶著若有似無的清淡檸檬味，恰如朋友彼時搖搖欲墜的婚姻；蜘蛛蘭的甜蜜溫香，則連結了採自2012年夏日深夜某停車場，那許多車輛內藏著的男女情慾。目前僅完成2011及2012野花香料，以季節野花共同萃取的香料，氣味皆屬濃郁花香，而2012香料中由於萃取了較多的伊蘭伊蘭、柚花、雞蛋花和桂花，香氣較2011更為甜美馥郁，總之，得此兩款香料實在開心。後來製作了「2011之香」和「2012之香」野花香水，算是個人年度追尋香氣的紀錄，當然接著幾年，也都會在等待中持續進行。

野薑花　　桃金娘　　相思樹

芳香萬壽菊　　月季　　川七

香氣萃取與實用手記

夏日花香香膏

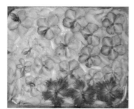

以脂吸法綜合萃取各種
野花的香氣。

「2012 之香」原精

「2011 之香」野花香水

1　**2011 之香**：此款香水所用材料，以共同萃香的有星星茉莉、小花茉莉、番茉莉、使君子、桂花、睡蓮、含笑、木蘭、白玉蘭、雞蛋花、野薑花、夜香木、厚皮香花、七里香、莢竹桃花、辣木花、伊蘭伊蘭、山黃梔共 18 種；另以岩玫瑰、沒藥、大黃原精、麝香酊劑等其他香料進行調香，最後總共以 35 種香料構成 2011 之香。

2　**夏日花香香膏**：做茉莉香水的過程中，我靈光忽現，山上農舍旁不是有棵高大黃玉蘭嗎，黃玉蘭旁邊住著檸檬、柚子、金桔以及茉莉花，雖然他們的花期交錯盛開，但是如果將所有香氣攏絡起來會是如何？這太有趣了，於是我一邊做著茉莉香水，一邊將茉莉凝香體、柑橘花凝香體、黃玉蘭原精等等材料進行調香實驗，最終，完成了這個充滿夏日花香的香膏。夏日花香香膏的材料有：伊蘭伊蘭、岩蘭草、玫瑰天竺葵、柑橘花凝香體、茉莉花凝香體、大黃原精、黃玉蘭原精、丁香原精、未精製蜂蠟、荷荷芭油。蜂蠟與荷荷芭油各占 40%，其餘 20% 是香料。

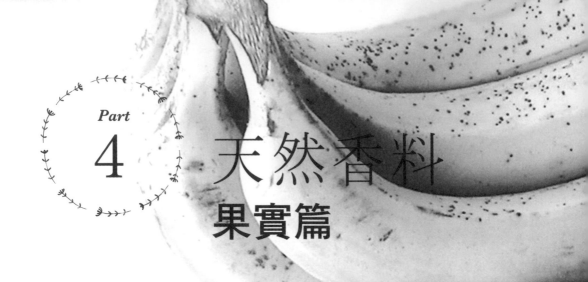

菊暗荷枯一夜霜 新苞綠葉照林光
竹籬茅舍出青黃 香霧噀人驚半破
清泉流齒怯初嘗 吳姬三日手猶香

——蘇軾《浣溪沙·詠橘》

梅子即使再酸，終究仍引人垂涎而成為各式梅製食品，何況單以眼望即能止渴。然而，多數果實卻是滋味甜美，尤其能散發出芬芳氣味的；相異於花朵，將採花者引誘前來之本質，果實保藏了所有延續生命之能量於種籽裡，以果肉為報償，而後，藉食果者下肚離去，等待時機，異地而生。果實其實渴望被食，其本質在繁衍。

或許是長久以來的習慣，果實香氣總與食物產生連結，多數還能刺激我們的食慾。豆蔻、食茱萸、胡椒、花椒、蒔蘿、茴香、八角等辛香料都是，而富含營養成分的水果，更是維持我們生命健康無可或缺的食材。曾聽過一個說法，在家中擺置一盤（或一籃）水果（蘋果、柑橘、香蕉、鳳梨等易散發氣味的），可以營造出居家幸福之氣場。我最近的體驗來自白柚，大大的白柚只要兩、三個置玄關，每每回家打開門，總也一襲清香撲鼻。

天然水果香氣多半不持久，也難以萃取（柑橘類除外），在香水中，許多水果香氣都是合成的化學香精，雖然天然單體香料也模擬得出來（例如食材調味料 flavor），但與真實果香仍無可比擬。果實類香料氣味分子較小，容易轉化、走竄，香氣更為清靈、透澈、可愛，較快被我們的嗅覺捕獲，用於調香，大多被處理為頭香，用量不需多，就有畫龍點睛之效，算是一瓶香水故事中之序曲。

柑橘皮

Citrus peel

台灣香檬

金棗

檸檬柑的香氣似黃檸檬混合著柳丁。

　　柑橘類，這些親民又可愛的水果，最適合用來萃取香氣了，我嘗試過許多柑橘果皮，每一種的香氣都不太一樣，然而新鮮、甜美、酸澀，卻是柑橘類果皮令人一聞了然，又讓人愛不釋手的氣味特質，也是一早，梳洗面容後，用來振奮精神的古龍水中，居大量的主要成分。

　　市面販售的柑橘精油，多來自果汁加工廠的附屬產品，一般以冷壓為主，少數如萊姆，也有蒸餾的精油，而「去光敏佛手柑」，則為壓榨後再分餾的產品。除了從果皮萃取精油，很多柑橘果樹的枝葉、花朵，也被萃取生產許多不同的香料，像是苦橙葉、橘葉、卡菲萊姆葉、橙花等等。

　　芸香科植物以喬木、灌木居多，少數為攀緣藤類和草本類，全世界約 150 屬 1500 種以上，廣泛分布於熱帶、亞熱帶及部分溫帶氣候區，台灣有 13 屬 37 種（加上引進栽培品種，可達 19 屬 83 種），其中柑橘屬（Citrus）有 6 種，包括 4 種原生註，也是最具經濟價值的一屬。

各種柑橘類果實都適合用手工擠壓法萃取精油。

　　有此一説，橘子以前在北方稱橘，南方稱桔，橘和桔二字相通，意義相同。柑和橘二者統稱柑橘（柑桔），也泛指柚子、椪柑、橘子、甜橙、檸檬等果樹，而近年備受推廣的金桔（*Citrofortunella microcarpa*，或金橘、四季桔）則被歸為金桔屬，金柑（*Fortunella* spp.，或稱金棗）為金柑屬。國內，柑橘類水果以鮮食為主，其果皮的再利用亦受到不少重視，因含大量果膠、精油、類黃酮素（維生素 P）等營養物質，對人體有抗氧化、抗癌、消炎及降低血管疾病等功能。柑橘，可謂全身是寶的一種大眾化水果。在中藥應用方面，橘絡、枳殼、枳實、青皮、陳皮等，皆來自柑橘，對人體有行氣健脾、降逆止嘔、調中開胃、燥濕化痰之功效。

柑橘的香氣幾乎無人不愛，用於調香，可以讓產品帶有清新感受，因香氣成分以小分子的萜烯類為主（容易氧化變質的檸檬烯占大部分），揮發消逝速度較快。在香水中，這類香料多被歸類為頭香（前調）。除萜烯類外，每一種柑橘都有不同比例而獨特的香氣成分，這些稀少的香氣成分（酯類、醇類等含氧萜烯類化合物），在精油中含量只占 4～7％，便左右著不同柑橘的特色氣味，譬如橘子的甘美特質，就是來自精油中僅含 0.5％的鄰氨基苯甲酸甲酯，和 1.1％的芳樟醇。

　　如果心細、鼻子靈，掐碎果皮用聞的，也分辨得出每種柑橘獨特的芳香，像是金桔氣味酸沉帶綠葉感，隱約透著甘草香（金桔檸檬飲品中添加的那顆梅子真是對味）；文旦柚香氣，有點檸檬加綠橘的影子，只是清爽些，飄忽些，像早晨微風；檸檬和萊姆皆直朗酸澀，我尤其喜愛黃檸檬的氣味，餘韻帶有木質感；紅橘和綠橘氣味相近，但紅橘較穩重收斂，有些微蜜香，也沒綠橘酸；省產柳丁的氣味清爽甜美，調性感覺比進口的香吉士（美國甜橙）來得活力年輕……，其他還有葡萄柚、白柚、金棗、海梨柑等柑橘類水果，都值得去細細品嚐其獨特芳香。

註　　台灣四種原生柑橘屬（*Citrus*）植物，分別為：1. 南庄橙（*C. taiwanica*）、2. 橘柑（*C. tachibana*，又稱番橘）、3. 萊姆（*C. aurantium*，又稱酸橙）及 4. 台灣香檬（*C. depressa*）。其中南庄橙是台灣特有種，近年野外族群驟減，有滅絕之虞；台灣香檬於屏東地區已經有專業栽培。

柑橘類果實精油。由左至右分別是：白柚、克萊蒙橙、柳丁、金桔、檸檬、金棗、葡萄柚。

檸檬原精（左）、柑橘綜合萃香原精（右）

1　大部分柑橘類香料容易因光線、溫度變化及空氣中的氧而變質，壽命不長也不經久放，若非專門製作一款天然柑橘香水或古龍水，添入香水中的柑橘類香料是不需要多的，香水業中的柑橘香，很多都是先經去萜烯的過程，以求產品品質穩定。

2　將柑橘皮以溶劑萃取並沉澱數日，最後蒸除溶劑，如此可獲得濃縮的柑橘原精。這種原精除了保有柑橘原本的香氣之外，留香時間也非常長，我製作的檸檬原精，香氣甚至可達十幾個小時。同樣以溶劑萃取的金桔原精，是調配金桔花香水的重要材料。

蜂蜜檸檬保濕霜

3　採用 DIY 方式，手工擠壓萃取，可以獲得最新鮮的柑橘果皮精油，以果皮較薄的柳丁、椪柑等種類萃取率較好。果皮粗的文旦柚，需先將白色部分削除，以方便操作，萃取過的果皮也請勿丟棄，可裁剪小段陰乾，用來和粉狀的芳香中草藥（肉桂、茴香、八角、檀香等），製作合香，薰燃時會有意想不到的甜蜜氣味。

4　將油相材料（蜂蠟 30％、植物油 50％）和水相材料（純正蜂蜜 15％、花水 5％），分置燒杯裡並同時隔水加熱，待蜂蠟融化後，把水相材料緩慢倒入油相材料中，記得要不停地攪拌，然後離水，繼之以小型電動攪拌器繼續攪拌，直到完全乳化為止（濃稠無流動狀）。等溫度稍降，再加入約 2％的維他命 E、維他命 B5 及檸檬、伊蘭伊蘭、欖香脂、薰衣草複合精油，最後再充分攪拌混合即可。植物油可用橄欖油、米糠油、大麻子油、酪梨油隨意組合；花水（純露）用橙花花水、金縷梅花水皆可。

2

麝香葵

Abelmoschus moschatus

麝香葵的花與食用的秋葵相似。

麝香葵別稱黃葵、藥虎、三腳破、三腳鱉、野芙蓉等,為錦葵科秋葵屬草本植物,原產印度,現已廣泛分布於斯里蘭卡、孟加拉、華南及西印度群島,在台灣鄉野間偶可見少數野生族群。麝香葵的花朵容易與一般食用的秋葵花朵混淆,分類上兩者雖同屬,且中文名又都有葵字,但從果實型態與植株差異來看,其實很好分辨。麝香葵莖細、果實錐形肥短,而秋葵莖較粗、果實細長。麝香葵最大的價值在於它有迷人香氣的種籽,是天然香水領域裡的高級香料。

早年急切渴求各種奇異香氣的過程中,「眾里尋他千百度,驀然回首,那人卻在燈火闌珊處」正好可用來形容我對麝香葵的感覺。因為在我心裡,麝香葵和紫羅蘭花、露兜花、波羅尼花、沉香、龍涎香等香料,都屬神話等級般的香料,若能一親芳澤,那該多幸福呀。

麝香葵果實

　　近年已經可從網路購得許多夢想中的香料，接觸或蒐羅到奇特香料的心情，就像賞鳥人看見了新紀錄鳥種一樣興奮。很多時候，刻意尋找某香料，未必能如願，甚或受騙上當也是常有之事。我曾為了聞金銀花原精而花去大把銀兩，結果只聞得化學香精充斥的仿香；也曾連續三個夏天，為了聞山林投傳說中焦糖似的濃郁花香，每年依花期（六月）來到它的生長地，不是苞也無一個，要不就是花已然凋謝，還有一次看見兩株正開花的山林投，無奈這誘人的花卻開在峭壁上招搖，而我只能望花興歎。

　　同樣情況也發生在如龍涎香、沉香、麝貓香等奇特香料的追尋中，而就在麝香葵快要成為心中的香氣神主牌之際，在某個艷陽高照的夏天，和朋友去宜蘭石城海濱採集海鮮，我忽然注視到一處廢輪胎旁那叢青綠間，閃耀著幾朵黃花，第六感已然告訴我，就是麝香葵！我幾乎懷揣著滿心崇拜，全然無視麝香葵果實上密布扎手剛毛所發出的警告──想採集，請溫柔些。

　　最終，我將採得的種籽拿回家種植。第二年，從自己栽植的麝香葵，收穫了更多種籽以萃取香氣。市面可見的麝香葵籽香料，有經過多次分餾得到的黃葵內脂（天然單體香料），或是最常見以蒸餾法萃得的精油，再者就是以液態 CO_2 萃得的原精。我則採了親自栽植的種籽，以己烷萃取原精，這真是無比美好的經驗。

香氣萃取與實用手記

麝香葵原精

型如腎臟的麝香葵種籽，表面有細紋。

1　未經處理的麝香葵籽其實沒有任何氣味，萃取前必須先磨碎，香氣才能
　　釋放出來。

2　我分別用乙醇和己烷試驗，製成麝香葵籽酊劑和原精，酊劑效果不很理
　　想，我偏愛原精中散發出來帶有柔和花香，同時又略具粉質感的香脂氣
　　味，與稀釋後的麝香酊劑調合，是一款優質的香水底調，留香時間長，
　　可用來定香。

3　麝香葵幾乎和任何花香皆可一起調香，它賦予花香調香水豐美質感，更
　　能加強某些以性感著稱的花香氣韻，若薰衣草加南瓜派無法勾引出你的
　　性感想像，那麼試試麝香葵加大花茉莉、白檀、山棕花和一點點肉桂及
　　丁香，男生若想對女生展現性感魅力，可以再增添一些麝香，配方雖簡
　　單，但香氣絕對讓人怦然心動！

4　以分餾椰子油為基質，加入上述麝香葵、大花茉莉、白檀、山棕花和一
　　點點肉桂及丁香，做成香水油或香膏，睡前塗抹耳後、胸前、人中或自
　　己身體最性感的部位，此款調香便讓我想到了沉醉愛情中的思春男女。

126

香莢蘭的果莢

香莢蘭

Vanilla planifolia

　　有香料之后頭銜的香莢蘭，是唯一被利用在香料產業的蘭科植物。香莢蘭又稱香草蘭、梵尼蘭、香子蘭或就叫香草，屬於蘭科香莢蘭屬，這個屬包含了 110 個品種，包括台灣原生種「台灣香莢蘭」。但能拿來生產香草莢的，只有墨西哥香莢蘭、大溪地香莢蘭以及大花香莢蘭三個品種。

　　由於香草莢需經由人工授粉才能獲得，還得經過繁瑣冗長的殺菁、發酵、乾燥及熟化的加工過程，是非常耗費時間人力的一種農產品，這也是香莢蘭價格居高不下的原因。香草莢散發的風味一直為人們所喜愛，雖然鮮少被單獨品嘗，但卻是許多產品的最佳配角，在各式飲品、西點等食物中，它讓味道更為甜美，也應用於菸酒、茶葉、化妝品以及醫藥工業，市面上許多高級香水，多少都添加了香莢蘭，它同時也是用來模擬龍涎香的要角。

　　世上令人難以忘懷的事情，也許都得歷經幾番刻骨銘心的洗練，最終守得雲開見月明，方能以平靜心境細味品嚐發散出的甘美內質。氣味也是，除人為操弄外，有的香料甚至因為加入了時間的催化，才得以將尋常氣味化為動人香氣，從香莢蘭、鳶尾草根、廣霍香、綠薄荷、檀香等香料，皆可得到證實。香莢蘭，那帶一丁點溜酸感的木質甜香，非常特殊，即使現在市面上出現了眾多幾可亂真的香莢蘭分身（香草精），但我相信感受過香莢蘭香氣的人，應該非常容易分辨得出來。

香氣萃取與實用手記

香草金桔潤澤棒

香莢蘭與萃取出的原精

由左至右，分別為以己烷、超臨界流體、乙醇所萃取的香莢蘭萃取物。

1 用無水乙醇做成的香莢蘭酊劑愈陳愈香，應用於香水，它是很好的底調，與雪松、檀香、木香、黑雲杉、蒼朮等木質香料一起調香，可以厚實天然香水整體香氣的調性；與肉桂、丁香、茴香、芫荽籽、胡椒等辛香料調香，可將辛辣特質琢磨得溫潤些。

從香莢蘭萃取的酊劑,是很好的香水底調,
能將茴香之類的辛香調合得溫潤柔美。

劃開香莢蘭果莢,可看見黑色細粒種籽,
正是香氣來源。

2　若想調配一款真正的濃情蜜香,用香莢蘭、甜沒藥、木香、麝香酊劑為
　　底,再輔以大花茉莉、山棕花、橙花,最後加入肉桂、大黃和檸檬馬鞭
　　草,無論製成香水、固體香膏或香水油使用都很棒,但香水的熟成時間
　　至少得等待 4 個月。

3　將 2 的配方調入各占一半分量的硬脂酸及蜂蠟,製成香磚放在床頭,夜
　　眠連夢都是甜的。

4　**香草金桔潤澤棒：**以 1 份蜂蠟、2 份可可脂、1 份乳油木果脂和 1 份調
　　合植物油(例如橄欖油加胡桃油)隔水加熱,融化後,待溫度稍降再加
　　入香莢蘭原精、金桔精油,調勻後快速倒入容器即可。用米塗抹身體或
　　臉部乾燥部位,可避免脫皮並滋潤皮膚。

4

咖啡

coffee

　　咖啡樹是茜草科常綠喬木，本科植物向來以含有特殊藥效聞名，譬如茜草、鉤藤、金雞納樹等。以植物散發的氣味而言，部分種類帶有的特殊氣味還真是南轅北轍，雞屎藤和梔子花就是最佳代表。咖啡和鳶尾草根、香莢蘭一樣，皆需冗長繁複的加工過程才得以釋放出醇美香氣，像是歷經滄桑、娓娓敘說動人故事的耆老，用心感受這些香氣，每一次都有不同體會。

　　人類對於咖啡香不但迷戀且上癮了幾百年，但奇怪的是，咖啡香卻鮮少被應用於香水中，我能想到的原因，一是咖啡香氣太個性鮮明了，有誰想被聞起來很像咖啡？二是天然萃取的咖啡香和檸檬香一樣，都屬短命型香氣，咖啡豆經烘焙後散發出的特有風味難以被擷取，當然現在有留香時間長的化學合成咖啡香精，但終究是無生命感的香料。

　　如今，咖啡是全世界人類社會最為流行的飲料之一，咖啡豆不但是重要的經濟作物，除石油外，咖啡也是全球期貨貿易額度最高的。台灣在十九世紀後期開始栽植咖啡，規模不大，但陸續也有如古坑咖啡等地方特色產品出現，相對於茶香附身於東方文化，咖啡香似乎與西方人文內涵較為契合。許多咖啡商品廣告，以電影手法將人與咖啡之間拍攝得引人無限嚮往，於是咖啡成了集文雅、時尚、品味於一身的農產品，品嚐咖啡等於品嚐悠閒生活。如果用咖啡調香，是不是同樣能創造出一種閒散的香氣呢？這是我萃取咖啡的動機。

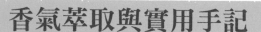

香氣萃取與實用手記

咖啡原精

以不同萃取法得到的咖啡原精成品。左為超臨界流體萃取，右為己烷萃取。

1　市面可見用溶劑、冷壓及液態 CO_2 三種方式萃取的咖啡香料，都是以磨碎的烘焙咖啡豆為材料。我自己用溶劑進行萃取，可得深褐色咖啡原精，香氣揮發如前所述，特有的咖啡香沒停留多久，大約 10 分鐘後，只剩煙燻般厚重的木質感香氣，底蘊轉為輕微脂香，但這部分就很持久了。詭異的是，這種原精難以溶於乙醇（難怪天然香水中少見以咖啡香料調香），但可溶於油性基質，製成香水油或香膏都可。

2　將咖啡原精和香莢蘭原精、大西洋雪松、鼠尾草、迷迭香、佛手柑、岩蘭草一起調香，然後混入可可脂、椰子油、烘焙蘇打粉、碳酸鎂粉、葛根粉（或玉米粉），攪拌均勻後裝瓶，就是一款氣質迷人的固體體香劑。

5

香蕉

Musa sapientum

　　或許因為阿公是蕉農的緣故，我對香蕉自有一種親切感。香蕉不僅樹型優美（其實是植株高大的草本植物），果實更是色香誘人，吃香蕉似乎也吃進了滿滿的幸福，自古無論中外，香蕉已經是人類最愛的水果之一。

　　香蕉氣味，甜膩明亮且獨特，對我來說，許多以香蕉製作的食品，也特別有刺激食慾的效果（也有人認為可抑制食慾）。記得以前有一種香蕉口味的口香糖，每每嚼著它，就會想來碗甘蔗汁熬炕的肉燥飯；酥炸香蕉蘸香草冰淇淋，更是我吃過最好吃的香蕉料理。

　　香蕉是芭蕉科芭蕉屬多年生植物，全世界約有 200 個品種。台灣香蕉引種於兩百多年前的華南，後於高屏、台中等地區廣為栽植，民國五〇年代曾創下高居世界第四名的外銷量。當時，栽植面積達四萬多公頃，是推動台灣農村經濟繁榮的幕後功臣之一，尤其是高雄旗山的香蕉產業，還為台灣博得了「香蕉王國」美名，如今，雖然風光不再，但香蕉的美味依然受到歡迎。

　　若要選一種快樂的水果，我會選香蕉，不僅因為香蕉皮含有豐富的色胺酸（Tryptophan），在人體內能轉換成血清素（Serotonin），有助於緩和情緒之功效，更為了香蕉的氣味能讓人產生愉悅感。那麼，製作一款香蕉香水，是否也有同樣的效果呢？這個念頭，讓我想萃取香蕉的氣味。

　　與其他水果比較，香蕉是典型的「呼吸高峰型」水果，也就是說，香蕉在達成熟後，呼吸作用急遽上升，使得蕉肉中的大分子物質如多糖、脂類含量急速降低，並同時形成酯及醇等香味物質，此時的香蕉風味最佳，用來萃取氣味最恰當。

香氣萃取與實用手記

香蕉蜂蜜敷面泥

1　由於香蕉果肉是主要香氣來源，所以須將整根香蕉攪碎，再以溶劑萃取，多次替換材料反覆萃取，最後除去溶劑，可得到十足香蕉氣味的凝香體。

2　由於香蕉的凝香體游離脂肪含量太高，並不適合製作香水，但用來製作香膏、固體香水或香水油卻非常之棒！

3　香蕉和柑橘類、花香調、香莢蘭搭配可說相得益彰，缺點是香蕉氣味消逝太快。

4　**香蕉蜂蜜敷面泥：**將香蕉和橘皮攪碎，並調入蜂蜜、可可粉、白芨粉、麥門冬，以水煎煮，調成泥狀即可。於夜晚敷面使用，二或三天敷一次，一次約 20 分鐘即可洗去，有美白潤澤作用。

鳳梨

Ananas comosus

　　鳳梨是鳳梨科鳳梨屬草本植物，本科植物主要分布於中、南美洲及非洲中部的熱帶雨林，少數分布於高山或沙漠地區，多數種類被當作觀賞植物。食用鳳梨古名黃梨、番梨，又稱菠蘿，原是產於南美亞馬遜河的熱帶水果，後經歐洲人帶往世界各地。早在荷蘭時代，鳳梨便來到了台灣，直至日治時期，開始有大規模栽植經營，隨後於高雄鳳山興建了第一座鳳梨罐頭工廠，在國民政府遷台前，鳳梨早已是台灣重要的經濟作物。

　　與香蕉比較，鳳梨的香氣更為容易萃取，其具有的酸溜甜香非常引人垂涎，是相當受歡迎的水果之一。香氣發散和香蕉不太一樣，鳳梨的香氣多來自果皮，香氣以酯類、醇類、烷氧基烷烴類和酮類物質為主，尤其是酯類化合物如丁酸甲酯、丁酸乙酯、乙酸乙酯、己酸乙酯等，是主要的鳳梨香氣印象。另外如十一碳三烯、十一碳四烯等倍半萜烴類化合物，雖含量極低，卻是影響鳳梨香氣中「新鮮感」的重要成分，可惜此類化合物在萃取過程極易消逝，難怪我萃取後的鳳梨原精，香氣就沒有新鮮鳳梨的感受，而是比較像加工後的鳳梨罐頭。

香氣萃取與實用手記

用己烷溶劑萃取的鳳梨原精。

風韻猶存女人香

1　萃取氣味前,將果皮先以果汁機攪碎,再以溶劑萃取、過濾,經多次萃取後再除去溶劑,可得濃稠狀鮮黃色原精。

2　用鳳梨原精(10%)、白玉蘭原精、玫瑰原精,加上羅馬洋甘菊、伊蘭伊蘭、鼠尾草、甜沒藥、檸檬、佛手柑等精油,調入分餾椰子油,就是一款風韻猶存的女人香。

南瓜

pumpkin

之所以想萃取南瓜氣味，完全受到一則報導的影響，說是男人聞到薰衣草加南瓜派兩種香味組合時，較能被激起性慾；對女人來說雖然效果也不錯，但挑起女人性慾，首要的氣味則是小黃瓜、甘草還有嬰兒爽身粉。

氣味對人類影響最奧妙之處，在於有效的情緒觸動，甚或跳過了情緒覺察，潛意識下直接引發一連串的生理反應。這種現象在許多嬰兒與母親之間的氣味聯繫、在都會大眾運輸系統中應用氣味來降低社會暴力行為，或者一直以來，讓人好奇的各種費洛蒙對人類（動物）種種影響等研究中多有所見。而香水，從古至今也有不少關於誘發性慾的秘方（譬如秘魯的Chamico香水），效果如何就和神話傳說一樣，已經不再是重點了，讓人匪夷所思的美麗故事，才是這些宛如春藥般的神祕香水，繼續流芳百世的動力。如今，這則經過科學驗證，有效引發男人性慾的「薰衣草加南瓜派」香氣，又怎能不讓人心動呢？

說實在，對南瓜氣味毫無印象的我，再怎麼跟薰衣草做連結，也無法有任何氣味想像。幸好我是個喜好實驗的人，從市場買來的南瓜，先是以嗅覺比較蒸熟南瓜與生鮮南瓜的氣味，然後決定以生鮮南瓜的中央部分，進行南瓜氣味萃取（熟南瓜因為高溫已氣味盡失）。接著，考慮到從沒吃過的南瓜派氣味，那該是有多種口味吧，但最主要的材料，除了南瓜，就是雞蛋、牛奶、糖和麵粉，所以我實驗了兩種調香配方，一個是簡單的薰衣草加南瓜原精；另一個是薰衣草加南瓜原精還有水菖蒲（模擬牛奶香）和香莢蘭原精（模擬蜜糖香）。但無論如何，薰衣草加南瓜，實在無法讓我有任何性慾想像。

香氣萃取與實用手記

刮取氣味較強的南瓜心部位，以己烷浸泡萃取。

南瓜原精

1　用溶劑萃取生鮮南瓜，得到美麗金黃色的南瓜原精，氣味如同真實的南瓜氣味。

2　薰衣草加南瓜原精的氣味蠻特殊的，有種說不出來的奇異感受；另一款加了水菖蒲和香莢蘭原精的薰衣草南瓜香氣，就好聞許多，可與美味食物產生連結。

天然香料
草葉及其他篇

記憶中你淡淡的花是淺淺的笑
失去的日子在你葉葉的飄墜中升高
星空中尋不著你碩長的枝柯
雲層裡你疏落的果實 一定冷且白
——商禽《樹》

能想像生活中，無意識的舉動或行為，很有可能是某種費洛蒙所引發的嗎？人與人間的緣起緣滅或許也與此相關，又或者，有比費洛蒙更加細微的東西所牽引，譬如念力、想像。但你不必為此傷腦筋，因為我也不懂這些，我只是大開心胸，專注生活中任何散發出來的氣味，用想像的鼻子，萃取這些那些有趣的香氣。

我很喜歡一位日本香氣藝術家 Maki Ueda，她數次將氣味與生活、藝術結合而創作的行動藝術（Action art），啟發了我不少關於氣味的想像，有興趣的讀者可至她的氣味實驗室部落格看看。http://scent-lab.blogspot.tw/

草葉香料一般予人藥草印象，不若花香或果實香氣讓人感覺美妙，因此，適合用來做香水的種類，相對就少了許多。僅少數幾種如紫羅蘭葉、薰衣草、馬鬱蘭、迷迭香、龍艾、乾草原精（Hay Absolute）等，持續被應用於調香。但如果發揮想像力，草葉香料（或是生活中任何能被萃取出氣味的）仍有令人驚奇之效果，你能想像九層塔加伊蘭伊蘭會有多熱情奔放嗎？

1

百里香

Thymus spp.

百里香

檸檬百里香

　　唇形科植物多半低矮，看似柔弱，但隨環境變化，容易反應土地特性，進而產生各種適應。此類能屈能伸「大丈夫」型的植物，在芳香療法中占有一席之地，羅勒、馬鬱蘭、薰衣草、薄荷、迷迭香，皆赫赫有名，適應環境的結果，則表現在各自的身懷絕技——化學型（chemotype 或 chemovar），例如沉香醇羅勒、甲基蔞葉酚羅勒、丁香酚羅勒以及茴香醇羅勒。而百里香，更是高手中的高手，其化學型是唇形科植物中最為多樣的，百里香酚（Thymol）、香荊芥酚（Carvacrol）等，是構成百里香如堅強盾牌般香氣的特色成分。

　　別稱地椒、麝香草的百里香，是唇形科百里香屬植物，全世界約 350 種，人為栽植品種亦超過 60 種。原產地中海地區，自古就被作為香料和藥物使用，尤其用於殺菌防腐、烹飪、驅蟲、護膚、護髮等，功效卓越。想處理生活層面各式疑難雜症，不得不仔細選擇百里香，以收事半功倍之效，例如香荊芥酚百里香、百里香酚百里香、野地百里香，適用於抵抗各種真菌、黴菌、細菌或病毒；牻牛兒醇百里香對治

婦科感染問題，既有效又不會太刺激，因此有「mother thyme」的別稱；沉香醇百里香雖最溫和，抗菌效果同樣不失水準，很適合小朋友使用。

百里香氣味強勁、鮮明，具強大保護力之特色。用沉香醇百里香製作乾洗手、體香劑（Deodorant），彷彿身體有了無形盾牌保護著。有感冒前兆，於一匙橄欖油中滴 1 或 2 滴百里香酚百里香，用於漱口（加強喉嚨部位），早中晚及睡前各一次，可及早防治或可免於看醫生吃藥。

香氣萃取與實用手記

將新鮮百里香、羅勒、薄荷和芹菜攪碎後，添入手工皂中（圖中間那塊），會有可愛的天然色澤及香氣表現，想要加強氣味，也可增添該植物的精油入皂。

1　百里香耐於烹飪時的高溫，因此我想也應該適合入皂。曾以百里香等新鮮香草加入手工皂中，成皂效果不錯。若以百里香精油入皂，可能會加速皂化。

2　用己烷萃取的百里香原精，草本麝香氣味濃烈、陽剛，和香葉萬壽菊原精搭配薰衣草、鼠尾草、暹羅木、黃檸檬等精油，可共組一款馳騁原野綠色香氣。

百里香原精

迷迭香

Rosmarinus officinalis

　　原產北非、地中海鄰近區域的迷迭香，別名海之露、聖母瑪利亞的玫瑰、萬年老等等，是一種廣受人類喜愛及應用的香草植物。早在三國曹魏時期，大秦商人（古羅馬商人）就帶著迷迭香經西域來到了中土，因此迷迭香又有「大秦香」之稱號。中國歷史上，曹丕、曹植兩兄弟是出了名的迷迭香愛好者，除邀請文人雅士參與迷迭香賞析聚會，製作迷迭香香囊佩戴之外，還各自為此香草創作「迷迭香賦」，醉心之程度可見一斑。

　　迷迭香的中文名稱自古即稱「迷迭」，以字義言，有兩種意思，一是反覆於混沌的香氣，另一是停止混沌的香氣，我想應該是後者，因為迷迭香向來以使人清新醒腦、增強記憶著稱。

　　迷迭香是唇形科多年生常綠灌木，依外形及生長習性，可分為直立型及匍匐型兩個品系，國內以直立型較為常見，因為栽植容易。芳香療法中，從植物精油的化學型態又分為三種：桉油醇迷迭香、樟腦迷迭香以及馬鞭草酮迷迭香。最常見的桉油醇迷迭香及樟腦迷迭香，全株散發之氣

味類似桉樹（尤加利）、樟腦，有益呼吸系統、筋骨關節，也幫助思考；少見的馬鞭草酮迷迭香，氣味比較溫和，益於神經系統和排毒消化系統，但因產量少，價格偏高。總之，現代醫學研究發現，迷迭香含有多種抗氧化活性成分，而迷迭香酸註是其中最特殊的，應用於醫療、食品、保健品、化妝品等領域，有防腐抗菌、抗腫瘤、抗發炎、提神醒腦、增強記憶、護膚護髮之功效。

將迷迭香應用於香水，印象最深刻的莫過於十四世紀風靡歐洲的匈牙利皇后水（匈牙利水），雖說它也是公認世界最早出現含酒精的香水，但以現今香水製造過程來看，反而比較像一款功效奇特的化妝水或保養水，有很長一段時間，人們無論用喝的、塗抹或沐浴，都相信匈牙利水可以讓面容變得年輕，也可以抵禦疾病。

最初版本的匈牙利水，作法是將迷迭香浸泡於酒精中再蒸餾出來，成分僅酒精和迷迭香兩種；後世版本則額外添入柑橘、薰衣草、百里香等其他香料。蒸餾酒精與迷迭香的組合，不但有卓越的殺菌功能，滋潤效果亦受到讚揚，而這個配方在現今保養品中依然尋覓得到，例如英國LUSH 有一款潤膚霜產品 Skin's Shangri La，成分就含有匈牙利水，是將迷迭香葉浸泡於伏特加調製而成。另一流傳至今已有兩百多年歷史的德國科隆水（古龍水）品牌 4711，據說配方就是改良自匈牙利水，主要以檸檬、橙花、迷迭香等香料構成，香氣清爽怡人，穿上它就像剛沐浴後一樣舒適。

註　迷迭香酸（Rosmarinic acid）是一種水溶性酚酸類化合物，具有強效抗氧化、抗發炎能力，主要存在於唇形科、紫草科、葫蘆科、椴樹科和傘形科等多種植物中，尤以唇型科和紫草科植物中含量最高。國人熟悉的本土藥草──仙草、紫蘇、到手香，也含豐富的迷迭香酸。

香氣萃取與實用手記

草葉類香料很適合作成香磚，可以驅逐令人尷尬的體味，只要掌握主要材料硬脂酸和蜂蠟，以 1：1 的份量調製，然後自行加入 10％～ 20％的香料。以雪松加鼠尾草，能展現陽剛氣息；調入迷迭香、薄荷、岩蘭草，放口袋或背包，則隨時帶來隱隱然的飄香。

迷迭香古龍水

1　用己烷可以萃取出原精，迷迭香原精除了固有樟腦、桉油醇氣味之外，還帶有一股清淡草本甜香。將側柏葉、紅花、皂莢、大葉細辛根、當歸等藥材各一份，以植物油（摩洛哥堅果油加上荷荷芭油）浸泡，最後濾掉材料，再加入迷迭香、檸檬桃金孃、大西洋雪松等精油（精油量 2 ～ 5％），製成按摩油，洗髮前用以按摩頭部，可幫助刺激毛髮生長。

2　我尤其喜歡迷迭香和大西洋雪松、鼠尾草調合出來的香氣，以此為基調，再加入佛手柑、龍艾、檸檬馬鞭草及薰衣草，做成古龍水於梳洗後使用，會有爽朗清新的自我感受。

5

台灣香檬葉

Citrus depressa

台灣香檬葉除了強烈的檸檬味，另有一股麝香，香氣比檸檬葉持久。

初識一種香氣，彷彿又打開了另一扇知識的門，走入門內便是劉姥姥進大觀園，舉凡植物科屬、產地、化學型態、香氣屬性、芳療或是香水應用等等，總像蛛網似的小徑一樣鋪展在眼前，於是又會想知道這些小徑是通往哪個香氣國度。

在我瘋狂迷戀柑橘花香氣時，就有這番感受，從苦橙花開始，然後金桔花、柚花、柳丁花、橘花、檸檬花、台灣香檬花，一直到柑橘植物的葉、果、枝，最後擴及降真香（*Acronychia pedunculata*）、山刈葉（*Evodia merrillii*）、過山香（*Clausena excavata*）、芸香（*Ruta graveolens*）、七里香、花椒等芸香科植物，總是好奇這些香氣聞起來如何？是否能夠提煉香氣，製作香水？研究資料加上實際試驗，過程可說芬芳而充實。很多國外香料都可購自網路，但我更高興的是，從周遭環境發掘出與眾不同的本土香料，台灣香檬葉原精也就是這麼來的。

芸香科植物的葉子通常也都有明顯的氣味。

　　中文名稱為扁實檸檬的台灣香檬，是台灣四種原生柑橘之一，客家語稱山桔仔，閩南語稱酸桔仔，僅分布於台灣和日本沖繩島（自台灣引種過去），據說該島長壽村居民將台灣香檬當作日常飲料及食材，而有福爾摩沙長壽果之名號，原本不受到國人重視，近年才從日本紅回國內，目前於屏東有專業栽植。

　　台灣香檬特有的川陳皮素（Nobiletin）、橘皮素（Hesperidln）等植物類黃酮，是其他柑橘類植物所沒有的，維生素C亦達檸檬的30倍，且含多種營養成分，對於緩解骨質疏鬆症，預防更年期症候群等功能效果良好，對人體有很多幫助。住家附近的山丘有幾株自生自長的台灣香檬，花期都早於其他柑橘樹，是我在春天最期盼見到的柑橘花。台灣香檬花香氣清爽高雅，幾乎和檸檬花雷同，但更多了一分甜美。由於柑橘花香氣多半可從葉子嗅出輪廓，有次揉碎幾片香檬葉感受氣味，真是讓我大為驚喜，是一種清新得不得了的強烈檸檬味，隱約中還藏著一股麝香，香氣比檸檬葉持久（檸檬葉被摘下後氣味稍縱即逝），於是當下，就決定進行氣味萃取試驗。

香氣萃取與實用手記

台灣香檬葉原精。顏色深綠質感濃稠，調入香水中立刻轉為檸檬黃色調，美麗極了！適合與柑橘花、永久花、桂花，或是迷迭香、薰衣草、艾草等藥草類香料一起調香。

台灣香檬葉香水油。將香檬葉原精加上橙花、鼠尾草、佛手柑、暹羅木精油，以 30％調進荷荷芭油，簡簡單單就可以享受到春天的青綠花香。

1　用己烷可萃得暗綠色凝香體，再以乙醇反覆萃取，最後蒸去乙醇，可得原精，台灣香檬葉原精的氣味，除特有的檸檬香氣外，大量而厚實的綠色草葉氣息中，帶有麝香質感。

2　台灣香檬葉原精與荊芥原精（占調香總量 30％與 10％）、柚花原精、十里香花原精、麝香葵、玫瑰天竺葵、蘇合香、綠薄荷（少許）及乳香酊劑（1％）一起調香，就可勾勒出春日雨後萬物復甦的鮮綠香氣。若希望多些柔美感覺，可將綠薄荷改為金桔，同樣，份量不必多。

海，是什麼樣的氣味？　　　　　　乾燥的海菜

4

紫菜

Porphyra spp.

　　海洋是什麼氣味呢？鹹鹹的海風、勞苦的漁船，還是海天一色的遼闊氛圍？香料固有的香氣印象不僅代表香料本身而已，更多時候，它是一種感覺、一段回憶或是一些創意想像，氣味或許依賴感受客體而存在，但真正重要的仍是親自體驗。

　　對我來說，海洋是個聰明而美麗的女大生，那年騎著野狼 125 載她穿梭於墾丁鮮少人煙的幽祕勝境，看她興奮地跪在地上親吻一頭小牛，看她舉起雙臂讓海風摩挲青春軀體，也看她依依不捨的離開；海洋是兩個熱血狂妄的青年，在星空滿布下的枋寮海邊，猛灌啤酒強說愁，果真愁極了，便駕著 peacock truck 在屏鵝公路上追風；海洋或許是一位好友與海口女子的相逢吧，所有關於意念、情境、感覺的想法，終究不離一廂情願，天真浪漫而已。那麼，海洋終究是什麼樣的氣味，可有哪些香料描繪得出來？於是，我將好友女友贈予的，來自海洋家鄉的乾紫菜，用來萃取原精，調製那充滿想像的戀情。

　　現代香水氣味分類，除原先的花香調、木質調、柑苔調、東方調等等，在 1991 年也出現了所謂海洋調（Oceanic / Ozone），事實上，那是用化學合成香精（海酮 Calone）模擬出來的，氣味潔淨透明如流動之水，常見於中性香水的調配。紫菜（或海藻）、龍涎香、牡蠣，是少數會讓人聯想到海洋氣息的天然香料，然而，只有紫菜，帶有鹹鹹的海風感覺。

香氣萃取與實用手記

紫菜原精

氣味獨特的海洋氣氛香水。

1　用己烷溶劑可萃出紫菜原精，氣味就是天然紫菜的海洋印象。質地濃稠，
　　調入香水中會渲染出一片淡淡的青綠色，很是年少青春樣貌。但氣味反
　　而有些歷經滄桑。不適合與木質類香料調香，除非是稍帶一絲甜香的癒
　　創木或白檀。

2　將分別代表海風、海水、土地、被侵蝕的岩石、朽木以及強烈日光的
　　紫菜原精、紫羅蘭葉原精、銀合歡原精、岩蘭草、紅檀木（*Myocarpus
　　fastigiatus*）、暹羅木、薑與萊姆一起調香，是我以天然香料勾勒出來
　　的海洋香氣，做成的古龍水很適合男生使用。

焚香、薰香

Incense

人們藉一炷清香傳達了心中的願念。

在香水香調中，木質氣味的感受是堅毅的、低沉的、溫暖的、直線的。因此，木質調幾乎等於男性專屬氣味，而能散發出木質氣味的香料，不全然都來自松杉柏等木本植物，草本植物如廣霍香、岩蘭草、香附、木香的香氣裡，多少也襯著些木質感。另外，像是皮革調、薰苔調、柑苔調、煙香調（smoke note），也和木質調一樣被認為是具有男人味的香調，通常此類香調中的花、果成分相對不多，有別於女性專屬的花香調、果香調或東方調。

然而，以現代天然香水的內涵及發展趨勢來看，其製作過程從一開始的發想設計、創意、關心的議題到多樣奇特的香料選擇，只要香水整體調性不是太偏粉味花香，其實已經男女無別了，追求個人獨特品味、標誌記憶中無法忘懷的氣味、塑造獨一無二的產品定位，或是僅僅純粹享受香氣帶來的美好回味，香水的創作空間其實是無窮盡的；或者應該這麼說，就是氣味吧，氣味直接賦予了香水所有的可能。

　　生活中充斥著各種氣味，有嗅覺感受得到的真實氣味，也有聯覺（synesthesia）感受出來的想像氣味，似乎氣味的本質同時兼備了真實與想像。曹雪芹以《紅樓夢》對人生所下的註解：「假作真時真亦假，無為有處有還無。」若說人生本就是虛晃一招的煙霧，那麼這煙霧會有氣味嗎？氣味的真實感受，恰如真假實虛般的人生，亦絕非香與不香如此二分。人生聞起來像什麼氣味？這是一個創作香水很好的發想。

　　曾在某個需要專心工作的夜晚，待一切就緒，卻察覺到自己仍有些心浮氣躁，遲遲無法動工，於是立刻啟動了對我非常有效，自稱是安神定性 SOP ──焚香。打開香爐，添入調合好的靜心凝神香，點火後，歇坐片刻，閉目緩和呼吸，所有動作流程一如往常。但那晚實在奇怪，當我張眼準備工作時，竟無視於案前明擺著的壓力，霎時腦海空白一片，身體賴床般軟癱舒適靠著椅背，然後慢慢地有什麼東西被顯影了出來。是廟，是一座香火繚繞，有眾多善男信女投以虔誠心願祈福的老廟，過一會，影像終於清楚了，原來是龍山寺嘛！內心笑著思忖何以腦海出現龍山寺。我仍癱坐椅上無任何動作，焚香持續散發出緩慢、忽現忽杳的清香，身心正處和諧安定狀態，思緒逐漸清朗，想起不久前，行天宮決定斷除信眾燒香拜拜所引發的爭議。

　　焚香、燒香、薰香、煎香，乃人類心靈伴隨社會文明演繹而來的行為，從古至今無論中外，舉凡宗教、祭典、醫術、嗜好，甚或烹飪等，皆時常可見。來看拜拜燒香，香料經火的洗練而將香氣釋出，香煙裊裊流淌而上，最後消失於無形，於此短短數十分鐘，人們寄予香煙上達神佛的虔誠信念該有多大的能量呀！不禁想到幾年前，曾歷經一場大病，住院三個月，差點升天，病癒後自一位阿姨口中得知，從無在我病榻前掉過一滴淚的母親，竟憂慮到無所適從，之後母親來到龍山寺，哭倒神佛面前長跪不起，每日為我燒香祈求早日康復……。此時，我忽然意識到腦海中莫名出現龍山寺之緣由。

四周依然安靜如故，連幾公里外那隻領角鴞的呼呼鳴叫都清楚得不得了，空氣中焚香氣味仍在，我轉頭凝望那隻香爐，輕煙自爐隙乾冰似地流出，東飄西移緩緩上升，接著飄出窗外。我意會了人們在焚香或燒香行為中，與上蒼真誠述說自己人生，什麼苦呀願呀，男歡女愛、祈名求利、生老病死等人生芝麻綠豆事，全都給說進了香煙裡去，我要說的是，千萬別忽視了這幾炷帶有真誠願力且含人生況味的香。因此，焚香或燒香所產生的香煙，其氣味（煙香 smoky scent），似乎最能代表我想像中人生的氣味。

香氣萃取與實用手記

焚香原精。初萃得時，真是讓我訝異到張開了嘴，那氣味簡直就是一座廟，如此鮮明又有趣。適合與辛香料、果實類香料一起調香。

焚香已烷萃取

1　發想製作人生香水，首要香氣就是煙香，雖然在天然香料中，菸草原精、中國雪松、樺木的氣味（帶有薰烏梅般的煙香），也都帶有程度不一的煙香特質，但我總覺得少了幾分幻化意涵，那是種寬廣又深邃的生命感，是苦香。我用溶劑直接從香爐萃取焚香凝結之物，反覆多次萃取，最後蒸去溶劑，得到深褐色焚香原精。此原精洋溢著濃厚煙香氣味，還帶有一絲辛甘、酸澀、略帶苦味的木質感，也能讓人一下便聯想起廟宇的氣味印象，彷彿聞了香氣，便能看到向神佛述說人生故事的虔誠信眾。

2　將焚香原精（5％）與丁香原精、梵尼蘭原精、小豆蔻、薑、伊蘭伊蘭、柑橘花原精、檸檬等精油，以及小茴香精油（5％），一起調合成人生中的酸甜苦辣，此款人生香水，男女皆適，香氣耐人尋味。

6

天然單體香料

Natural Isolates

分別來自薄荷及龍腦香的天然
單體香料。右為薄荷腦，左為
冰片。

香莢蘭素

　　僅具單一化學成分（單一氣味分子）的香料，稱單體香料
（Isolates，或單離香料）。以獲得此單體香料之材料來源，又可分
為天然單體香料（Natural Isolates）及合成單體香料（Synthetic
Isolates），例如從山雞椒或檸檬草精油中，以物理方法分離出來的檸
檬醛（Citral），就是天然單體香料；但在實驗室中，將香葉醇或芳樟醇，
利用催化劑作用之化學方法製取的檸檬醛，即為合成單體香料。天然單
體香料來自於天然香料的一部分，它必須是「被分離而來的」，而不是
從其他材料創造出來。但現在仍有學者主張，所有單體香料都是屬於合
成香料。

　　另一容易讓人混淆的名詞──天然等同香料（Nature-identical），
是指與天然香料有著相同化學結構的合成香料，此種香料常被用於食品
調味。例如來自香莢蘭的香草精是天然單體香料，而目前許多人工香草
精，雖然化學結構和天然香草精一模一樣，但因為是化學合成製造出來
的，所以是屬於天然等同香料。由於生產容易，價格自然比天然香草精
便宜。無論如何，天然等同香料就是一種人造合成香料，與天然香料一
點都不同。

　　天然香料（精油、原精、凝香體等）雖說其氣味成分更為複雜，
但大自然已經做了最佳安排，成分比例之間拿捏恰到好處，說白了，我
們只要打開鼻子好好享受芳香即是。每一種天然香料皆有其獨特氣味性
格，都值得好好賞味，因此，在沒能好好探究天然香料之前，建議別輕
易嘗試天然單體香料，否則你將發現，何以天然單體香料調配出來的香
水，聞起來一點都不天然，甚至像極了化學合成香精製品。

Part

6

天然香料
芳香中草藥篇

松下問童子
言師採藥去
只在此山中
雲深不知處

——賈島《尋隱者不遇》

如寶山一樣的中藥行，有許多讓人怦然心動的芳香中草藥；然而多數人對於中草藥的香氣印象，不外乎當歸味、陳皮梅味，或是那望之儼然的陳年木櫃裡，充斥的神祕氣味。

所有中草藥都有獨特香氣，濃淡馨香不一而足。在中藥裡，除五味（辛甘酸苦鹹）之外，其中還有一味以「芳香」概念著稱的，稱芳香中草藥，這類藥材大多能化濕化濁，開竅、走竄，在氣味表現上更能刺激嗅覺，引發想像。因此，極適合單獨萃取出香氣成分，用來調香。

1

肉桂

Cinnamon Bark

大葉肉桂

台灣土肉桂

西元前十五世紀，肉桂由香料商人以海運方式，自印度南部沿阿拉伯一路傳到埃及，初始即由腓尼基人在地中海區域進行交易[註]，而後逐漸遍及歐陸，是最早被使用的香料之一，受歡迎的程度也不亞於胡椒。

肉桂原產華南、南亞熱帶及亞熱帶地區，古稱桂或菌桂，然而「桂」字，在中國古書中卻代表了兩種植物，一是木樨家族中的桂花，另一才是樟樹家族的肉桂，這兩者在《楚辭》中均被視為香木。若提到人類對於「桂」的利用程度，肉桂遠遠較桂花來得廣，它除了是辛香料食材外，也被廣泛應用在醫療、薰香、防腐、化妝品、牙膏等生活用品，也是可口可樂由來已久的祕方。

肉桂屬於樟科（*Lauraceae*）、肉桂屬，這一屬的植物都有肉桂芳香，全世界約有 100 種，其中錫蘭肉桂（*C. zeylanicum*）和中國肉桂（*C. cassia*）的應用最廣，市面上如果沒有特別提及，一般均指錫蘭肉桂。台灣也有 6 種特有的肉桂屬植物，土肉桂（*C. osmophloeum*）

肉桂皮

月桂葉

是近幾年被廣為推展的本土肉桂，據研究，土肉桂葉的肉桂醛含量不亞於一般的桂皮，商業上的價值頗高。另一種有「桂」字的芳香植物稱月桂（*Laurus nobilis*），它是西方溫帶氣候區唯一原生的樟科植物，也常被應用在食材料理、醫療方面，和肉桂不同的是，我們只利用它的葉子。

　　肉桂全身上下都是寶，桂葉、桂枝、桂皮各有不同的功效，以桂皮的價值較大。肉桂氣味辛辣甜美，其中，錫蘭肉桂所含的丁香酚成分稍高，所以氣味較中國肉桂溫柔且多了些木頭氣質；中國肉桂則耿直如爆衝的牡羊座，甜美氣味淋漓盡致，這也是肉桂醛的特質；土肉桂的氣味與中國肉桂相似，但沒那麼嗆，台灣早期有一種類似紙張的零嘴，上面塗以肉桂糖，辛涼甜膩的滋味讓多數小童都愛，那肉桂糖就來自於土肉桂，它的葉子也是唯一可食用的肉桂品種。

註　考古學家在以色列海法（Haifa）的 Tel Dor 遺址中，挖掘出許多 3000 年前的腓尼基長頸瓶及器皿，腓尼基人是當時當地最出色的航海家及商人，從這些出土器皿檢測出了肉桂醛，證明在遠東和現今以色列地區之間，曾有肉桂貿易。

香氣萃取與實用手記

肉桂利口酒

肉桂手工皂

1　將肉桂、檀香、丁香、八角、大黃、乳香各取等分，研末製成合香（肉桂、檀香也可略多一倍），在陰濕環境中薰燃，可以立即消去沉悶氛圍。

2　調配肉桂香水時，可先將 1 ～ 2 支肉桂棒浸入乙醇一個星期，製成肉桂香水基劑（肉桂精油因太過刺激皮膚，不建議使用），要注意浸泡時間不可過久，否則顏色偏紅將影響成品美觀。以泡出的肉桂香水底劑與柳丁、月桃籽（也可用小豆蔻替代）、玫瑰天竺葵、大西洋雪松等精油調香，可以調製出一款如冬日暖陽般氣味的香水。

3　**肉桂利口酒**：用蘋果汁和肉桂等香料浸泡威士忌，製作肉桂利口酒。由於是要入口的，所以滅菌也得徹底。裝瓶前，我用針筒過濾器滅菌，只能小量製作，然後設計標籤黏上，萬萬沒料到自己會捨不得喝，僅淺嚐剩餘不夠裝瓶的部分，真是甘美醇口，齒頰留香！

4　**肉桂手工皂**：DIY 含肉桂精油的產品一定得小心分量拿捏！曾做過二次肉桂手工皂，剛開始迷戀肉桂香氣時，大量添加肉桂精油（才 10％）入皂，結果洗後感覺有種咬皮膚般的刺痛。後來第二次減量至 2％，就可以完全將我愛的肉桂香氣淋漓展現，皮膚也沒刺激感了。肉桂皂洗後通體舒暢，消毒殺菌一級棒。

2

白芷

Angelica dahurica

白芷粉

　　個性鮮明，氣味強烈是許多繖形科植物共通的獨特性質，這群植物成員，全世界約有 280 屬 3000 種以上，台灣有 19 屬 42 種，常見自生於牆角或盆栽的雷公根、天胡荽，春天長滿山徑旁的水芹菜，群聚北部濱海嚴峻環境的濱當歸等等，在各種環境都有它們的蹤跡，其中當歸屬（*Angelica*）、茴香屬（*Foeniculum*）、歐當歸屬（*Levisticum*）、歐防風屬（*Pastinaca*），有較多種類被廣泛應用在香料或醫療方面，對人類生活有非常大的貢獻。

　　白芷是當歸屬植物，屬名源自 angelos，意指這類植物彷彿具有天使般祝福的良好藥效，其中「香豆素衍生物」是白芷很獨特的成分，自古以美白作用聞名，不過必須注意它的光敏性（photosensitivity）註。

《楚辭》中出現次數最多的香草即是白芷，古名稱茞、芷、藥、莞等，屈原視它為君子象徵，據說孔子身上也常佩帶。白芷的氣味即使經過泡製、乾燥等人工處理，依然散發著一股厚重而誘人的濃香。中藥白芷來自白芷植物的根製品，依不同產地又稱禹白芷、興安白芷、川白芷或杭白芷，切面純白似粉，味苦鹹，若只取其香，其實都差不多。

　　市面上可見適合用來調香的當歸類精油，如歐白芷根（*A. Archangelica*，又稱西洋當歸、歐獨活），氣味較白芷清透，多了點木質感，後味則和白芷一樣，呈現一種麝香般的餘韻。白芷也適合製成酊劑使用，留香時間長達兩天之久，可用來定香，然而，在香水中切記勿添加過量（至多 1％），否則其他香味皆會被白芷所掩蓋。稀釋後的白芷加橙花，會有蜂蜜般的香氣。

　　曾經非常好奇古人將芳香植物佩帶在身上有什麼感覺，因此我參考潘富俊的《楚辭植物圖鑑》中所歸納考證的香草香木類（34 種），挑出其中方便尋得且香氣較強的 12 種，將這些原料碾碎放進小布袋中做成香囊，想像如古人般佩掛香囊於腰際，隨著步伐必能享受陣陣香氣，實驗結果，香氣甚微，必須搓揉這個小香囊，湊近鼻子才能感受到它的芳香；我懷疑會不會古人採取的是新鮮香草呢？後來，萃取這些香料氣味做成香膏，取名「楚香」，塗抹手上後，立即感受到一種悠然淡雅，似乎帶著時間感的藥草香瞬間化開，彷彿來到了屈原的香草水涯，而貫穿其間的白芷主味，恰如一位風度翩翩的君子。

註　　會使皮膚對於紫外線的敏感度增加或產生過敏的物質，統稱光敏性物質。常見含光敏性物質來源有白芷、荊芥、防風、柑橘類精油、歐白芷根、檸檬馬鞭草、萬壽菊、阿密茴、圓葉當歸、芹菜、菠菜、香菜、無花果、芒果、鳳梨、阿斯匹林、水楊酸鈉、四環素、口服避孕藥、雌激素等。使用含光敏性成分的產品後，請勿做日光浴，一般日常塗抹以衣物遮擋較無問題，晚上使用也不會有問題，但如果孕婦、孩童、有過敏體質者，則不建議使用。

香氣萃取與實用手記

楚香香膏

白芷原精

九層塔原精。如此橙黃
美麗的九層塔原精，氣
味真是比九層塔還九層
塔，可謂美不勝收到了
極致！只是我還不知該
如何用它來調香。

楚香香膏：採用白芷、川芎、澤蘭（蘭）、九層塔（蕙）、杜蘅、高良薑（杜若）、
水菖蒲（蓀）、花椒（椒）、肉桂（桂）、橘、柚（橘子、柚子精油）、桂花等
12 種香料，將香料浸泡於橄欖油、甜杏仁油或葵花油中，以隔水加溫方式（溫度
不可高於攝氏 50 度），萃取三次（每小時一次）；多次替換材料能讓香氣較濃郁，
萃取之後即為香油。各香料分量隨意，拿捏標準以自己喜好的香氣呈現為主，我
調製的楚香中白芷略高，因為想用白芷代表屈原之君子氣韻。再於香油中加入蜂
蠟（香油與蜂蠟約 2：3），便可製成香膏。

3

川芎

Ligusticum chuanxiong

　　和白芷同樣是繖形科植物家族，但它不是當歸類，而是藁本類（*Ligusticum*）。藁本（*L. sinensis*）也屬芳香中草藥，它的香氣過於草莽，不若川芎清麗。川芎原名芎藭，又稱蘼蕪，楚辭中稱「江離」，列為香草；唐代後期，因四川地區產量多且品質佳，故慣稱「川芎」。

　　除了食用之外，古人常用來和其他香料合香，做成香囊隨身佩帶。中藥中的川芎，主要有「川芎」及「日本川芎」兩種，利用的部位是在地面下的結節狀拳形團塊根莖，是常見的進補中藥材之一，有活血行氣，祛風止痛的功效，人說「頭痛不離川芎」，可見得是治頭痛良藥。

　　川芎內含揮發油、生物鹼、有機酸等活性成分，揮發油中的藁本內酯、香檜烯等是氣味的主要成分，兼具厚實及輕揚兩種面向，感覺像是清淡版的當歸味，容易讓人聯想到美味的當歸鴨，很有食物感。如此氣味的香料應該難以馴服吧，不過我發現，川芎加了玫瑰之後，竟然能和諧地譜出一種相得益彰的氣味，玫瑰收斂了川芎的奔放，而川芎則張揚了玫瑰的甜美。川芎酊劑氣味濃郁，留香時間長，特別適合用來定香。

註　　白松香（*Ferula galbaniflua*），英文名 Galbanum，又稱格蓬香、楓子香，產於地中海至中亞一帶，也是繖形科植物成員。初次聞到白松香就有種莫名的喜好，它是我一見鍾情的氣味排行前幾名，個性鮮明獨特，帶有強烈綠色感草腥味，添入香水可以轉化厚重甜膩的粉味花香。

香氣萃取與實用手記

這是用乙醇萃取的川芎原精。乙醇也可萃出原精，只是品質要雜得多。用超臨界流體和脂吸法萃得的原精，品質皆優於己烷萃得的原精，而己烷萃得的原精，又比乙醇萃得的優。

東方神祕香氛

1　用乙醇浸泡川芎即可製成川芎酊劑，想氣味濃一點，幾次替換材料，反覆萃取即可。

2　川芎酊劑與薰衣草原精、大黃原精、丁香、玫瑰、茉莉、乳香、柚子和麝香，可調製出具東方神祕感的香氣，酊劑添加量不宜超過 1%。

3　川芎原精氣味多了青草氣息，加白松香註可以產生清脆感的芹菜味，非常好聞。

4

蒼朮

Atractylodes lancea

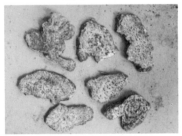

蒼朮含豐富揮發油，有很好的滅菌效果。

逢端午節，市場常見端午植物應景熱銷。

　　2002 年 SARS 從廣東侵襲人類，旋即擴散至亞洲各處乃至全球，造成不小恐慌，期間蒼朮由於優異的殺菌效用還因此走紅，一度價格暴漲且供不應求。

　　焚蒼朮，就是民間傳統用蒼朮來消毒空氣的習俗。據說始於先秦時期，古人普遍認為五月是毒月，五月初五端午節更是惡日，這天百毒叢生，邪魔四起，而憂傷的屈原也在這天投江自盡，人們遂有懸菖蒲、艾葉、榕枝，焚蒼朮、白芷，佩掛香囊，煮香草湯沐浴及喝雄黃酒等等習俗，感懷屈原外，也象徵驅鬼避疫。日本東京五条天神社在祭拜藥祖神節日中，也有一項驅鬼儀式，就是焚蒼朮，看來蒼朮在人們心中已經和震鬼符咒劃上等號了。

　　中藥裡的蒼朮是菊科植物南蒼朮（*A. lancea*）和北蒼朮（*A. chinensis*）的根莖，始載於《神農本草經》，列為上品，然而古方中，蒼朮、白朮不分而統稱為朮，以氣味而言，白朮不若蒼朮強。南蒼朮的根莖橫切面有許多紅色油腺點分布，叫作朱砂點，品質優於北蒼朮。

現代研究發現，蒼朮含豐富揮發油，油中成分主要是蒼朮酮、蒼朮醇、桉葉醇、茅朮醇等，對於容易利用空氣傳染的病菌，如結核桿菌、金黃色葡萄球菌有很好的滅菌效果，用於環境能驅除惡氣。清代張德裕在《本草正義》中曾載：久曠之屋，焚之而後居人，倚重的就是蒼朮能芳香辟穢；而用在身體則是健脾藥，有燥濕、化濁、發散風寒之效。

蒼朮原精氣味非常溫和怡人，木質感中透露著不俗的土味，像是被陽光親吻過的大地，微溫、淡然而綿密，雖無白芷、川芎的濃烈凌厲，但也後勁十足，像是個馬拉松好手。

香氣萃取與實用手記

蒼朮原精初聞有種沉甸甸豆豉感（和原材料的乾扁木質味差異頗大），旋而轉為淡雅木香，彷彿被刻意擦拭一番的古老藤椅，昔日光芒綻露。

1　將蒼朮剪細條、裁段，置一般市面販售的薰香燭台上，以煎香方式薰燃（非直接燃燒），便可帶來滿室馨香。

2　蒼朮加荊芥穗磨成粉，或是裁成細碎小段，做成合香薰燃，將會激盪出一縷甘美甜香，這是我一次意外又驚喜的發現。

3　很適合做成酊劑來調香，我生平第一瓶天然香水「蒹葭」就用了蒼朮，至今再次品味，仍能讓我有種思古情懷，不得不說，蒼朮氣味予人有正面的感受。

我的第一瓶天然香水「蒹葭」。蒹葭是一首關於追尋的詩，追尋些什麼呢？自己內心對於美的嚮往。而那個美，忽近又遠，若有似無，追尋的過程來來回回，困難重重。但因為美，就該繼續追尋。當初其實只是喜歡一首唐曉詩演唱的詩歌（歌名就是蒹葭），便給自己生平創作的第一瓶香水如此美麗的名字，感覺都氣質了起來。後來發現，自己製作香水的過程，原來和詩經中蒹葭這首詩，那關於追尋的意境非常類似，不免想起第一瓶香水命名的機緣。

5

白豆蔻

Amomum cardamomum

白豆蔻

素有香料之后稱謂的小豆蔻,其氣味與白豆蔻極為相似。

　　很多薑科植物的種子和根莖,皆有辛香氣味,除了常被用來烹調食物,在醫療、保健、美容方面也多有所聞。這類植物在全世界約有 50 屬,一千多種以上,主要分布在熱帶地區,台灣有 6 屬 28 種,許多種類仍是野生狀態,少被應用。

　　以豆蔻命名的芳香植物也讓人眼花撩亂,其中,白豆蔻和草豆蔻最容易混用。原產印度南部,有香料之后美名的小豆蔻,部分學者認為與白豆蔻是同種異名,由於此二者香氣相似,且因小豆蔻向來價格偏高,因此也有人將白豆蔻混充為小豆蔻來販售。

　　在中藥裡,白豆蔻、砂仁、草荳蔻、紅豆蔻及草果,都是薑科植物的果實或種子,也都具有化濕、行氣、止嘔的功效,氣味以白豆蔻較為輕揚,砂仁和草果木質辛香感稍重,而草豆蔻,其實就是去殼(果肉)的烏來月桃種籽(非一般花序下垂之月桃),氣味清新甜美。白豆蔻種子含大量揮發油,主成分是桉葉醇、松油烯、桃金孃醛、右旋龍腦及右旋樟腦等,氣味芬芳輕揚,溜過鼻尖易讓人精神為之一振。

各式有豆蔻名稱的香料（白豆蔻、砂仁豆蔻、草果豆蔻、肉豆蔻、草豆蔻、紅豆蔻）。

市面上用來當中草藥的薑科植物，中文別名混雜，容易誤用，一般常見種類整理如下：	
月桃屬 （*Alpinia*，山薑屬）	大高良薑（*Alpinia galanga*，果實稱紅豆蔻）、高良薑（*Alpinia officinarum*）、月桃（*Alpinia zerumbet*，豔山薑）、草荳蔻（*Alpinia katsumadai*）。
豆蔻屬（*Amomum*）	白豆蔻（*Amomum cardamomum*）、砂仁（*Amomum villosum*）、草果（*Amomum tsao-ko*）。
小豆蔻屬（*Elettaria*）	小豆蔻（*Elettaria cardamomum*）。
薑花屬 （*Hedychium*，蝴蝶薑屬）	野薑花（*Hedychium coronarium*，穗花山奈）。 山奈屬（*Kaempferia*，孔雀薑屬）山奈（*Kaempferia galanga*）。
薑黃屬 （*Curcuma*，鬱金屬）	薑黃（*Curcuma longa*）、薑荷（*Curcuma alisimatifolia*）、鬱金（*Curcuma aromatica*）。
薑屬 （*Zingiber*）	薑（*Zingiber officinale*）、蘘荷（*Zingiber mioga*）、台灣山薑（*Zingiber kawagoii Hayata*，又稱台灣蘘荷、恆春薑、台灣山奈）。

香氣萃取與實用手記

濃香豔抹女人香

白豆蔻原精

1　豆蔻類種子的香氣，容易因高溫而散失，所以不宜加溫萃取，用己烷萃取，比用植物油的效果來得好。

2　白豆蔻適合和晚香玉、紫羅蘭葉、茉莉、橙花一起調香，猶如為濃妝豔抹的花香，添上一對輕盈翅膀。

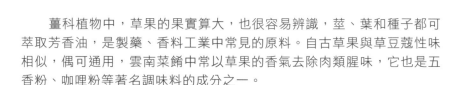

6

草果

Amomum tsao-ko

　　薑科植物中，草果的果實算大，也很容易辨識，莖、葉和種子都可萃取芳香油，是製藥、香料工業中常見的原料。自古草果與草豆蔻性味相似，偶可通用，雲南菜餚中常以草果的香氣去除肉類腥味，它也是五香粉、咖哩粉等著名調味料的成分之一。

　　草果別名草果仁、草果子、老蔻，目前收穫均以人工栽培為主，中醫使用須先曬乾，炒至焦黃。果實去殼後的稱草果仁，性味辛溫，有去濕，溫暖內臟的作用，古方認為有防治瘧疾功效，但需和其他藥方搭配方能發揮。以草果水煎劑——把草果放入水中煮滾，熄火後待涼，拿這水漱口，可以消除口臭。

　　草果全株含 2 ～ 3％揮發油，主要成分為蒎烯、桉油醇、芳樟醇、樟腦、烯醛、松油醇、草果酮等，氣味辛香特異，較一般辛香料多了點木質感，和說不上來非常隱晦的類似某種昆蟲（椿象）的分泌物，可說是喜者自喜，惡者遠之的一種氣味。

香氣萃取與實用手記

草果漱口油

1　用己烷溶劑可萃取出草果原精，也可用乙醇浸泡做成酊劑。草果搭配高良薑、安息香、薄荷、香茅、薰衣草、檸檬、暹羅木，可調配出好聞的滇緬香氣。

2　**草果漱口油：**將草果浸泡油，以及綠薄荷、小茴香、丁香、沒藥等精油，以1：4：2：2：1的量，再用2%比例和葵花油調勻，是一款不錯的漱口油，可以每日使用。漱口油較一般含酒精的漱口水，更能促進口腔淋巴腺排毒，對口腔黏膜刺激性低，添加了精油還可以抑止細菌滋長。

月桃

Alpinia zerumbet

端午應景植物中,月桃可說是極具台灣特色的代表,乾燥後的月桃葉寬大堅韌,用來包粽子絲毫不比竹葉遜色,沁入米飯的月桃葉清香,是南部粽爽口祕方;此外,它葉面具蠟質,也適合拿來當食物墊材或蒸糕粿,葉鞘曬乾可編成草繩、草蓆,嫩莖可作為薑的替代品。早年,原住民採食月桃嫩心以驅除蛔蟲;被譽為日本的阿斯匹林——翹鬍子「仁丹」的原料也用得到月桃籽,是一種全身皆寶的民俗植物。

全世界熱帶、亞熱帶氣候區均有月桃屬植物分布,種類相當多,台灣約有18種,都是原生植物,常見於低海拔山麓林地。

月桃古稱玉桃,大陸稱豔山薑,台灣本地有虎子花名號,以形取名就知道它吸引人的第一目光便是成串的花、果。月桃果實、根莖含多量芳香揮發油,根據分析,成分以樟腦、桉油醇、己二酸及橙花醇乙酸酯為主,然而就像薰衣草或百里香一樣,不同產區也會有不同的化學型態出現。台灣月桃屬植物精油主要成分的含量高低,受地理分布及生育地差異之影響頗大,例

月桃與野薑花植株比較

月桃的根莖

如北部月桃族群含較多樟腦，南部則有較多龍腦；高良薑的香葉醇、恆春月桃的小茴香酮等，都是地方特色成分，不同種類的月桃氣味，一般人較難以辨別，光是樟腦和龍腦的氣味就非常類似了，這兩種氣味特質皆清新直白，具速度感。

應用於調香，我認為月桃籽和白豆蔻、小豆蔻宛如親兄弟，都具有豆蔻類香料清透怡人的吸引力，小豆蔻帶有尤加利風味，而月桃籽則多了點果香，用月桃籽與花香、草葉香料調香，會比小豆蔻有加乘效果；但如欲調一款辛香木質調，就用小豆蔻。

薑

香氣萃取與實用手記

金色月桃香水

1　成熟和未熟月桃果實皆有香氣，未熟果只能萃取果皮香氣，適合製成酊劑使用；成熟果連同果皮、種籽都能萃取，打碎後用己烷可以萃取出黃橙色的凝香體。

2　想為香水或香膏增添一股清爽前調，月桃籽是不錯的選擇，適合和佛手柑、迷迭香、馬鬱蘭一起搭配。

月桃籽原精

月桃種類辨識

由於野生的月桃容易雜交，產生的變異種往往令人好奇，簡單的辨識可從植株大小以及花序生長方向做判斷。

植株大小：大型（比人高、葉型也大），屬於此類的有月桃、烏來月桃、屯鹿月桃、角板山月桃等。中型（與人同高、葉型中等），屬於此類的有阿里山月桃、屈尺月桃、台灣月桃、高良薑等。小型（比人矮，葉型小），屬於此類的有山月桃、日本月桃（山薑）。

花序生長方向：只有月桃、屯鹿月桃、角板山月桃、台灣月桃，花序是下垂的（後三者還呈 S 型），其餘都是上舉花序。

8

肉豆蔻

剖開新鮮肉豆蔻果實，可見種子表面
有鮮紅色被覆物，稱肉豆蔻衣。

Myristica fragrans

　　早年，行經台北市龍山寺附近佛具店，總會聞到四處洋溢著木頭味，運氣好還可看見木雕師父就在街邊雕刻佛像，無論用的是檀香木、香樟、檜木、紅豆杉或是肖楠，木頭味總能使人的心情沉靜不少。後來，第一次接觸到肉豆蔻的氣味印象，便是如此直接地連結到龍山寺的佛具店，因為肉豆蔻的木頭氣味鮮明，同時帶有一股乾燥溫香，就像南風輕撫，令人舒爽。

　　肉豆蔻為肉豆蔻科植物，別名肉果、玉果、麻醉果，分布於東南亞至澳洲等熱帶地區，印尼為肉豆蔻香料產品主要輸出國，早期歐洲人視為珍寶，認為肉豆蔻的香氣有如麝香，因此又有「麝香堅果」之稱，還曾為了包含肉豆蔻在內的幾種東方香料，在亞洲強取豪奪了近三百年。

　　肉豆蔻常製成兩種香料使用：肉豆蔻核仁（nutmeg，種子）和肉豆蔻衣（mace，紅色假種皮），二者氣味相同，核仁使用前再磨粉即可，勿磨粉存放，因為香氣容易消散；曬乾後呈褐色的肉豆蔻衣相對較少見，售價偏高。肉豆蔻口感辣而微苦，添加於肉類食物中具提味效果。

　　蘭嶼肉豆蔻（*Myristica ceylanica*）是台灣原生的肉豆蔻，屏東、台東、蘭嶼及綠島低海拔原始森林中皆有生長，然因種子有毒，平常人對於毒性強弱不易掌控，一般不拿來食用。

　　肉荳蔻核仁和肉荳蔻衣兩者所含揮發油成分約略相同，主要有蒎烯類、芳樟醇、松油醇、香葉醇、黃樟素、龍腦、肉荳蔻酸、肉荳蔻醚等，其中肉荳蔻醚有致幻作用，加上黃樟素，麻醉效果會加乘，然而只要不過量，一般來說仍是安全的。應用於中藥方面，肉豆蔻可治虛瀉冷痢、脘腹冷痛、嘔吐、風濕痛，只是在中藥的利用遠不如在食材香料方面的普遍，肉類食物料理中撒上肉豆蔻粉，既去油膩又可提味。

香氣萃取與實用手記

肉豆蔻香水。這是我早期的香水作品，以肉豆蔻串起整體香調，配方除了肉
豆蔻（30％），只有薰衣草、黑雲杉、岩玫瑰、鼠尾草、佛手柑以及馬鞭草，
是一款好聞的熟男香水。

肉豆蔻原精

1　猩紅色彩的肉豆蔻酊劑有抗真菌和微生物作用，萃取氣味前，必須先
　　將整顆種子碾碎（數個肉豆蔻裝在塑膠袋中以榔頭擊碎，然後倒出在
　　缽中研細），用乙醇浸泡二星期，替換 3 ～ 4 次材料，氣味更濃郁。

2　用薰衣草、甜橙和肉豆蔻酊劑做成的香水噴霧，睡前噴於枕頭，可以
　　帶來一夜好眠。

9

山奈

Kaempferia galangal

山奈的塊狀根莖。

　　奈字通柰，果實之意。原產印度、中國西南及東南亞熱帶地區。山奈屬植株矮小具塊狀根莖，無明顯地上莖，葉叢生，近地面似孔雀開屏，故又稱孔雀薑屬，《台灣植物誌》第二版中所載，山奈實為薑屬植物中的台灣山薑，葉挺生高大似月桃類，可為辨別。1931年台灣已自越南引入山奈栽植生產，一般當成中草藥應用，以根莖入藥，也可用來烹調食物，是東南亞著名香料。中藥山奈具辛溫暖中之性，對於心腹疼痛、寒濕霍亂、牙痛有奇效，萃取物據説還能防曬。

　　山奈氣香甘醇，沒有薑的辛烈，根莖所含揮發油是氣味來源，主成分有桂皮酸乙酯類、龍腦、樟烯、側柏烯、蒎烯、檸檬烯、桉葉素等，另含山奈酚類黃酮成分，是強效的抗氧化物質。

　　山奈是啟發我將芳香中草藥應用於調配香水的繆斯，因為山奈酊劑顏色清澈如水，非常美麗，厚重的辛香中透著一股淡薄花香，非常訝異原來做成酊劑的中草藥，也可以如天然香水般，和肌膚產生奇妙的變化！

香氣萃取與實用手記

山柰酊劑澄清如水。此圖為在山柰酊劑中調入水菖蒲，製作香水基劑的沉澱熟化過程。

用山柰、白豆蔻、丁香等辛香料，調合玉蘭花浸泡油，與蜂蠟以4：1隔水加熱融合，融合後離火，並快速倒入盛裝瓶盒，就是一款凝香膏。若提升蜂蠟用量至半，再添加柑橘果實綜合萃香5％，便是氣味可人的固體香水。

1　山柰酊劑加乳香酊劑的氣味，再融合桂花，簡直是一曲雙簧，留香時間也很持久。

2　山柰原精和檀香、菖蒲、穗甘松、岩蘭草及香莢蘭，可以調配出一款蕩氣迴腸的底調。

薑的精油、原精氣味

兩者都帶有青草特質，沒有植物本身濃嗆辛辣，用來調香可以修飾太過甜膩的感覺。我用來萃取薑原精的材料，都來自菜市場現場壓榨薑汁剩餘的殘料。市面上販售的薑科根莖類精油中，除了薑之外，還有野薑花精油，沒錯，如無特別標示萃取部位來自花朵，野薑花精油指的就是萃取自野薑花根莖的精油，它是一種帶著果香的辛辣香氣。

10

荊芥

Schizonepeta tenuifolia

中文「荊芥」代表了兩種唇形科植物，一種是荊芥屬（*Nepeta*）的貓薄荷（*N. cataria*，西洋荊芥），另一種是這裡所介紹，裂葉荊芥屬（*Schizonepeta*）的荊芥，也是芳香中藥常見的種類，因為其氣味和功效與紫蘇近似，原本稱為假蘇，《本草綱目》始稱荊芥，之後即沿用至今。

荊芥原生於歐洲、亞洲、非洲及北美洲等地，藍紫色的穗狀花序外型頗似薰衣草，現在多以人工栽培為收穫來源。秋季花謝之後只留綠色的萼筒，隨即割取地上部分曬乾；也有先摘取花穗，再割取莖枝，分別曬乾，前者稱「荊芥穗」，後者稱「荊芥」，荊芥穗的氣味較濃烈，品質優於莖枝型荊芥，但多數中藥行將二者混合販售。

荊芥含有豐富的揮發油，用手搓揉乾燥枝葉，很容易就可聞到散發出來的清甜草本氣味，成分主要是薄荷酮類、荊芥內酯、檸檬烯、蒎烯等，中藥應用上，有發散風寒消腫毒之效，古時有「再生丹」美名。如果想製作一瓶帶有草原氣息的香水，加點荊芥原精一定不會讓人失望。

香氣萃取與實用手記

原野香氛主要以帶有甜味草香的荊芥串起，與檸檬馬鞭草、薰衣草及
柑橘類等調合，香氣彷若踏進一望無際的草原。

荊芥原精

將薰衣草、檸檬馬鞭草、佛手柑、乳香酊劑、橙花、紫羅蘭葉原精、荊芥
原精和一點點橡苔原精註調合，便能架構出一幅日光煦煦，滿溢原野色彩的
香氣。

註　橡苔原精（Oak moss abs.）萃取自生長於橡樹的苔蘚類，深綠濃稠，是種氣
　　味稍有鹹味的特異芳香物質，常用以搭配木質調的男性香水，然而由於含有
　　過敏原，歐洲國家已建議禁用或限制其使用濃度。相關導致過敏原的香水材
　　料可參考：http://ec.europa.eu/health/scientific_committees/opinions_
　　layman/perfume-allergies/en/index.htm

11

薄荷

Mentha

茉莉亞薄荷

綠薄荷是國內常見的種類。

　　唇形科植物中，薄荷是被應用最廣的草藥植物，由於人為或天然雜交，品種少說有 500 種以上，多數薄荷為多年生宿根性植物，性喜多水，養護容易，其中胡椒薄荷（Peppermint）及綠薄荷（Spearmint，又稱留蘭香、荷蘭薄荷）是市面上常見種類，我則偏愛茉莉亞甜薄荷，它是綠薄荷系列品種之一，氣味雖不及胡椒薄荷辛嗆，亦無綠薄荷辛涼，但搓揉葉片即可聞到一種水感清新的薄荷甜，非常怡人。

　　薄荷具有的獨特氣味成分，主要來自薄荷醇、薄荷酮、異薄荷酮、薄荷酯類等，將整株薄荷（花、莖、葉、根）以水蒸餾，然後由蒸餾出來的精油中，經多次冷凍結晶萃取出來的產品稱為薄荷腦，天然薄荷腦中所含薄荷醇可達 99％，氣味清涼芬芳不刺鼻，有別於化學合成薄荷腦的呆板直涼。薄荷在中藥方面具提神解鬱、散熱解毒、健胃消腹脹之功效，對於神經系統也有調節與鎮靜的作用，少劑量可助眠，過量卻會失眠。

香氣萃取與實用手記

不同萃取法的成品比較。超臨界流體萃取的原精（左），
香氣純粹、乾淨；己烷萃取的凝香體（右），香氣層次感
鮮明又豐富，也多了乾草甜香。

以溶劑萃取的薄荷原精，顏色深綠濃稠，氣味如同新鮮薄荷般爽利，添於
香水中可以平衡太過厚重的花香，例如薄荷加茉莉，薄荷便像是穿著華麗
低胸禮服女士身上的小披肩，然因薄荷氣味實在太獨特了，似乎不甘於只
當作配角，因此，在調香中，通常薄荷的劑量不宜太多，除非製作一款以
薄荷為主的香水。用薄荷和甘松、佛手柑、雪松、快樂鼠尾草原精、黃檸
檬酊劑，也可以調製出充滿地中海情調的淡薄性感香水。

12

丁香

Syzygium aromaticum

丁香菸

丁香為桃金孃科蒲桃屬（赤楠屬）植物，也有人將丁香歸類為番櫻桃屬植物（*Eugenia*），因此有時候丁香學名也被寫為 *E. aromaticum* 或 *E. caryophyllata*，但番櫻桃屬和蒲桃屬不同之處在於種子的種皮包圍著胚體，非如蒲桃屬的胚體裸露，蓮霧則是蒲桃屬植物中，國人較為熟悉的種類，因此每次看見蓮霧便聯想起丁香，而聞到丁香，就想起多年前的印尼峇里島機場，那也是我首次出國旅遊的美好回憶。

丁香原產印尼，來自丁香樹的花苞，外型似釘子，又名丁子香、雞舌香，廣泛用於烹飪中，做為食物香料，或加入香菸中製成頗具印尼特色，濃厚辛甜的丁香菸。丁香已經被引種到世界各地的熱帶地區栽植，目前出產丁香的地區主要在印尼、馬達加斯加島、印度、巴基斯坦和斯里蘭卡，2005 年，印尼生產的丁香已達世界總產量的 80%。

左為公丁香，右為母丁香。

花朵有多數雄蕊是桃金孃科植物的特徵之一。

　　我無意間接觸到的第一瓶天然香水，是買了 Aesop 帶著淡雅辛香氣味的 Marrakech 註，小豆蔻、大花茉莉、伊蘭伊蘭、檀香、佛手柑渲染出橙黃海市蜃樓般的沙漠古城色彩，而貫穿其間的丁香，猶如逐漸沒入地平線的夕陽，暖而細緻，塗抹香水後約莫數十分鐘，當回神想品嚐留於手背那最後餘韻的一刻，才驚訝它的美麗竟如此短暫！再後來，我開始明白，原來這是天然香水如此吸引我的特質之一，它一點都沒有現代化學合成香料製成的香水般非賴著人不可。Marrakech 在 2005 年問世後三年，我開始創作天然香水（真正啟發我創作香水的是 Aesop 另一款已絕版的 Mystra），最初和多數人一樣，皆從精油開始調香，丁香不但是我接觸到的第一種香料（精油），它更是名列我最愛的香氣之一。氣味主要成分是丁香酚、乙醯丁香酚、丁香烴、葎草烯、胡椒酚、伊蘭烯等。

　　在中藥裡面，丁香有公丁香、母丁香之分，公丁香是未開的乾燥花苞，母丁香是開花後所結的乾燥果實，二者外型容易區分，溫中散寒、理氣止痛等性味效用差不多，但多以公丁香應用較廣，一般說到丁香，指的也是公丁香。

　　據說，武則天時代著名的文學侍從宋之問，相貌堂堂且文采奕奕，但是武則天一直對他避而遠之，他於是作詩上呈，期能得以重用，武則天閱畢對一近臣說，宋卿什麼都好，就是不知道自己口臭嚴重。宋知道後，羞愧無比，往後人們常見他口含丁香以解其臭，因此，丁香有了「中國古代口香糖」名號。現代醫理研究也證實，丁香能抑制口腔細菌及微生物滋長，稀釋後對於人體黏膜組織無刺激性，不只在牙科口腔治療中能有效防止口臭發生，它同時也是很好的溫胃藥，舉凡因寒邪引起的胃病而形成口臭也有效果。我自己曾口含三顆丁香試著感受口腔變化，其實也無風雨也無晴，不如口含三顆乳香，非但能刺激唾液分泌還能芳香口氣，丁香還是先萃取之後再來應用較為得宜。

註　Aesop 分別在 2005、2006 年發表的 Marrakech、Mystra 香水都已經絕版。在 2014 年，以 Marrakech 為參考樣本，推出了全新的 Marrakech Intense 香水，相較於原版淡雅辛香，此款香水以苦橙花加強了花香感，餘韻的白檀（澳洲檀香）非常迷人。

香氣萃取與實用手記

將丁香直接刺入柳橙，可以用來薰香達二星期之久。

丁香原精

1. 丁香氣味因萃取的植物部位，以及萃取方式而有差異，以蒸餾法獲取來自莖幹枝葉的精油，氣味辛苦微辣，蒸餾的丁香花苞氣味較濃；而用溶劑萃取的原精及酊劑則多了點藥草果香，製作香水用丁香原精或是酊劑較為合適，它能為香水增添些許異國色彩。

2. 用丁香原精加上黑胡椒、香莢蘭和伊蘭伊蘭原精，可以模擬出康乃馨的花香。

3. 丁香原精加上玫瑰原精、香附（少量）、小茴香、檸檬、馬鬱蘭和粉紅胡椒，是另一種亮麗組合，像是一曲佛朗明哥吉他獨奏。

13

花椒

Zanthoxylum bungeanum

花椒是芸香科花椒屬植物，主要分布於溫帶和亞熱帶區域，其紅色或暗紅色乾燥果皮，是中國川菜烹調常用的特色調味料，又稱川花椒、川椒、蜀椒、秦椒、川紅椒、大紅袍等，市場上也有將竹葉花椒（*Z. armatum*）、青花椒（*Z. schinifolium*）充作花椒販售。

中國人對花椒香氣是極其推崇的，在詩經、離騷等古籍中多有稱頌，古人也用花椒浸酒，屈原在「九歌」中提到的「椒漿」就是花椒酒，用來祭祀祖宗、驅疫避邪，而花椒結實累累的樣貌亦被引喻為子孫滿堂，所以皇帝後宮妻妾居住處室，多以花椒泥塗抹，稱「椒房」。

台灣有 11 種原生花椒屬植物，僅食茱萸（*Z. ailanthoides*，別名紅刺楤、越椒、鳥不踏等）因其枝葉含特殊香氣，較常為人們利用於烹飪調味，與花椒、薑並列為「三香」。

花椒的香氣來自於果皮，香氣揮發主要成分為沉香醇、左旋 - α - 水芹烯、檸檬醛、香葉醇、肉桂酸甲酯、乙酸芳樟酯等，雖然花椒以麻利之味最為人所稱道，但香氣中卻無任何「麻」的感受，而是一種襯著綠葉花果般的胡椒香。

川花椒

食茱萸是台灣原生花椒屬植物，果實也含特殊香氣，取乾燥果實，在萃取香氣前，需仔細搗碎。

香氣萃取與實用手記

食茱萸原精

花椒原精

1 　花椒極適合做成酊劑應用於香水中，與檸檬、佛手柑等柑橘類香料，或
　　與小茴香、小豆蔻、粉紅胡椒等辛香類香料，可以組成明亮的香水前調。

2 　用焚香原精、零陵香豆原精（薰草豆）、香附、薰衣草、杜松、小豆蔻、
　　萊姆等精油、麝香酊劑（2％）、花椒酊劑（至多10％）一起調香，可
　　營造出頗具中東風味的香水。

14

香附

Cyperus rotundus

香附的野生植株

乾燥的塊根

香附是莎草根的別名，它來自莎草地下部鬚根上面的膨大根莖，此膨大的部分稱為香附，又名香頭草、土香草、香附子等，是莎草科莎草屬多年生植物。由於植株外型和許多禾本科植物相似，大多被視為野草。

要區別莎草與禾草，可以從莖和果實來辨別。禾本科莖的橫切面為圓形、空心有節，果實外圍鱗片在果熟掉落後通常不脫落；莎草科的莖則是三角形、實心無節，果實外圍鱗片在果熟掉落時會跟著脫落。全世界莎草屬植物約 75 種，廣泛分布於熱帶、亞熱帶和溫帶區域，台灣有 31 種，其中僅香附被應用於中藥、香料。在印度，香附、岩蘭草和廣霍香，多被用來薰香衣物，以防治細菌、黴菌、害蟲滋生。

炮製後的香附塊根

中藥裡的香附有個響亮名號，《本草綱目》稱它為「氣病之總司、婦科之主帥」，這說明香附在疏肝和調經方面見長，一般的氣滯疼痛症，單用都有明顯的效果，它不但止痛，也能消脹。新鮮的香附含大量揮發油，是特異芳香氣味的來源，不同產區（國家）有不一樣的化學型態，主成分為香附烯、香附醇、異香附醇、派烯、坎烯、檸檬烯、香附酮類等等。

一般中藥行販售的香附，多經酒、醋等加工炮製，為的是能增進溶解度，使有效成分容易煎出，加強身體吸收，然而這樣一來卻會大大失去原有的揮發油。從中藥行買來的香附幾乎無啥氣味，對於希望品嚐其香氣的人來說，殊為可惜，因此，若要萃取香附氣味，一定要用無經過炮製的材料較為恰當，或者，於秋高氣爽時節，直接採集新鮮香附亦可。

香氣萃取與實用手記

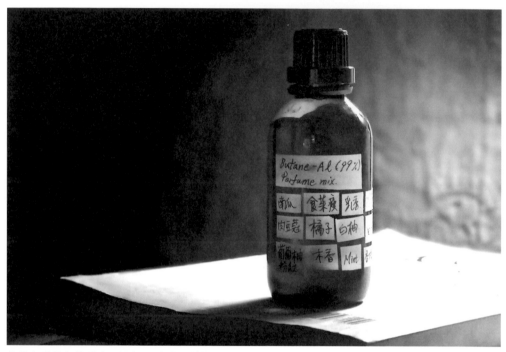

此款南瓜薰衣草香水，添加了香附酊劑作為定香劑。

香附精油

1　萃取出的琥珀色香附原精，氣味微苦厚實帶有甘草氣息，初聞直嗆入鼻，一段時間後即轉為恬淡幽香，與白檀搭配，有不錯的定香效果。

2　用香附、岩蘭草（5％）、白檀、香莢蘭原精（或安息香精油），可以創造出沉香氣息。

15

甘松

Nardostachys chinensis

初見甘松藥材，著實讓我納悶一會兒，心想，這外型像是裹著草枝的動物排遺也可以拿來當藥草？但納悶歸納悶，中藥不乏奇特之物，比甘松更令人匪夷所思的多得是，例如來自鼯鼠、蝙蝠、兔子和蠶寶寶乾燥糞便的五靈脂、夜明砂、明月砂和蠶沙，而許多取自動物身體（器官）或想像而來的藥材，如熊膽、虎鞭、紫河車、人中黃、人魄、寡婦床頭灰等，簡直怪異到令人瞠目結舌，所幸這些東西現在多已不用，成了教材名詞。相較之下，來自植物的藥材就可愛多了。

甘松又稱甘松香、穗甘松，屬敗醬科（*Valerianaceae*），甘松屬植物，英名通稱 Spikenard，全世界共 3 種，即印度甘松（*N. jatamansi*，又稱匙葉甘松、香穗草、哪嗒草、綠甘松）、尼泊爾甘松（*N. grandiflora*，又稱大葉甘松或大花甘松）及甘松（*N. chinensis*，中華甘松），其中尼泊爾甘松是華盛頓公約 CITES 附錄 II 物種，市面上極少見。

自古甘松即被視為珍貴的象徵，在聖經中，美麗女子用以塗抹耶穌腳踝的「哪噠香膏」，可能來自印度甘松或尼泊爾甘松，在古埃及和伊斯蘭世界，一度成為奢侈品，由於兼具奇異香氣和療效，亦是印度阿育吠陀草藥傳統的一部分。甘松主要生長於海拔 3600 ～ 4800 公尺的喜瑪拉雅山區，目前收穫方式仍以人工採集為主，在西藏、甘肅、四川則有少量栽培，專供市場所需。

　　傳說生命來到盡頭的鳳凰，在牠用甘松所築的巢中自焚，而後又重生的關鍵，就是甘松，因此甘松也有「起死回生」藥草之說，然而傳說美則美矣，誇張起死回生功效卻未盡善焉！但從現代醫理研究發現，甘松成分中的活性物質「纈草酮」，有抗心律失常的作用，可緩解心慌、失眠、頭痛等徵狀，的確對人們的身體健康起了良好的保護作用。

　　甘松氣味似岩蘭草加香附和一點點廣霍香，溫和醇厚且隱含陳皮梅氣息，有人形容那氣味聞了令人想哭，也有人說那是一種原諒的氣味，總之，甘松香氣早已深獲人心，是不爭的事實。

香氣萃取與實用手記

甘松原精

甘松橙花香水，具有酸甜的木質香氣。

1　甘松也適合做成酊劑使用，它的氣味就像菸葉加橡苔，底蘊稍帶梅乾般土質氣息，製作香水時只要添加少許（至多 2％）就有明顯效用，可為香水帶來漫步於森林底層之感受。

2　如果想調配梅花香，用甘松原精加沒藥就可以了。

3　用以描繪凝煉感覺（一段難忘的往日時光、某無關痛癢卻常現出腦海的想法），甘松原精非常好用。在調香過程中，當瀕臨被各式香料左右為難之際（胡亂調香曾有的情況），只要請出甘松原精，香調立馬輪廓鮮明起來。

16

木香

Saussurea costu

　　木香為菊科植物風毛菊屬木香的乾燥地下根，原產印度，歷史上因從廣州進口，習稱廣木香，之後被引種於雲南等地成功栽植，品質亦佳，由於產量日增，現已成為雲南的道地藥材，特稱「雲木香」，故木香、廣木香、雲木香其實都是指同一品種；另有同樣是菊科植物，但不同屬的川木香（*Dolomiaea souliei*），有時也被當作木香使用。木香和番紅花（昔日經西藏進口中國，又稱藏紅花），皆是經馴化後適應中土的西方藥材。

　　切段，縱剖成片後的木香，材質堅實不易折斷，斷面灰黃，散有深褐色油點，形狀完整的乍看似鹿茸又似枯木，近聞香濃撲鼻。古時候由於外來的木香不易獲得，因此在唐宋時期出現了許多替代品，例如土木香、川木香、藏木香等，雖然功效、性味均類似木香，但品質要比木香次些。另有青木香，古時它的確是木香別稱，因為品質好的木香含大量揮發油，顏色比較深，故以青木香稱之。但是現代青木香則專指馬兜鈴的根，具有毒性，和木香完全是兩種不同植物。

　　中藥木香常用來行氣止痛，對治宿食腹脹、腹痛、健脾、消化等功效不錯。初聞木香有種時光凝聚的感覺，氣味印象晃如一位熟透的男性耆老，陽剛而溫和，也有人形容它的氣味像隻淋濕的狗、像被開啟的陳年木櫃等等，可見木香的氣味難以言喻。

香氣萃取與實用手記

木香原精

仿藍火古龍水，以木香原精與多種精油調香，試做了一款成熟男性香水。

1　木香中含有許多大分子內酯成分，香氣屬於淵遠流長型，因此定香效果奇佳。

2　木香原精尚有類似鳶尾般粉香特質，用在香水中與花香調搭配（尤其是晚香玉、茉莉、伊蘭伊蘭），不必添加麝香，也可以營造出非常性感撩人的氣味。

3　將木香原精與橡苔原精、黑雲杉、馬鞭草、艾草原精、鼠尾草、迷迭香、大西洋雪松、薰衣草和萊姆（不要用檸檬），一起調香，可以營造出一款迷人的男性香水。

17

大黃

Rheum palmatum

食用大黃莖葉

　　一般，大黃予人的印象就是苦寒的瀉下藥，去中藥行買大黃，藥師總親切告知：劑量不能多哦，會拉壞肚子的！感覺大黃在中草藥領域裡，是武功高強的奇僧。大黃用於醫藥已有悠久歷史，也是聞名遐邇的特產中藥材，明代醫藥家張景嶽更推崇大黃為「藥之四維」註之一，可見得在中藥當中的地位非同凡響。然由於大黃藥性寒烈，不但《神農本草經》將之列入下品，《本草綱目》更列為毒草類，因此大黃也是唯一具兩極看法的中藥。

　　以現代醫藥研究來說，大黃瀉熱通腸、涼血解毒、袪除邪氣之效，並不影響小腸對營養的吸收，瀉下主要作用在大腸，其維持人體正常生理功能，如同一位保家衛國的將軍，因此大黃古名就叫「將軍」，無論生用或熟用（炮製品），大黃名稱均以軍字代用，如生軍、熟軍、酒軍、焦軍，不僅藥師愛用大黃，更將它擴及世界各地，以肉食為主的西方人則視大黃為日常不可或缺的保健品，大黃在西漢初即由商隊成批運往歐洲，和茶葉一樣，都是中土出口的大宗商品之一。

藥之四維：附子、人蔘、熟地、大黃。

　　大黃屬蓼科植物，品種約六十多種，大部分產於中國，中藥大黃一般是指掌葉大黃（*R. palmatum*）、唐古特大黃（*R. palmatum var. tanguticum*，又稱雞爪大黃）和藥用大黃（*R. officinale*，又稱南大黃）的乾燥根莖，另一種在歐美普遍用以生食葉柄的稱為食用大黃（*R. rhaponticum*，葉含大量草酸及毒害腎臟的成分，葉柄無毒），葉柄狀如西洋芹，鮮紅豔麗，清香味酸，常和水果一起搭配做餡，或製成蜜餞、甜酒等。

　　乾燥的大黃根莖，氣味辛香濃烈，像甘草混合老薑，以溶劑萃取的大黃原精，色澤暗黃呈半固體狀，辛辣中帶有水果般香甜，尾韻還帶有粉味花香。我非常喜愛大黃原精的氣味，只是，大黃原精萃取率不甚理想，幾乎和桂花差不多。

註　　明代醫藥家張景嶽著《景嶽全書》中提出，中藥中有 4 種最為重要的藥材，分別是附子、人參、熟地和大黃，並稱其為藥之四維，前三味藥屬性皆溫，唯獨大黃苦寒，此四味藥對身體作用分別為補陽、補氣、補血、袪邪。大黃製品中生軍、熟軍、酒軍、焦軍功效分別為瀉下、解毒、活血、止血，大黃能袪除嚴重燒燙傷造成之火毒，有很好的治癒效果。

香氣萃取與實用手記

我創作的西域風情香水，取名「日頌」。

以大黃、紅蘿蔔製作的手工皂。大黃也是天然染色劑，能為手工皂帶來美麗的玄黃色調，較為可惜的是，大黃香氣在皂化熟成之後並無法保留。

大黃原精

1 曾用己烷萃取大黃，但萃取率太低。做成酊劑效果不錯，除增加香水辛甜氣味，還可將香水染成金黃剔透。

2 用大黃原精和小茴香、蘇合香、玫瑰原精、黑胡椒、梔子花原精（或大花茉莉原精）、香附原精、檀香精油，一起調香，可以創造出想像中明亮的西域風情香氣。

18

水菖蒲

Acorus calamus

　　水菖蒲、艾草、榕枝葉，合組端午除妖三劍客。水菖蒲狹長葉片象徵長劍，揉碎新鮮或乾燥的葉子都可聞到一股奶似的芳香；端午過後，將已經枯萎的艾草和水菖蒲裝進麻紗袋，泡澡時丟入熱水中，可以享受芬芳藥草浴。

　　中藥裡的菖蒲有節菖蒲（*Anemone altaica*）、石菖蒲（*A. gramineus*）和水菖蒲三種之分，分別來自不同的植物，節菖蒲又稱九節菖蒲，屬毛茛科植物阿爾泰銀蓮花的乾燥根莖；石菖蒲和水菖蒲都屬天南星科植物，石菖蒲植株矮小，常有分枝，直徑約 0.3 ～ 1cm，折斷面呈纖維性，有微弱土質氣味；水菖蒲植株較大，少有分枝，直徑約 1 ～ 1.5cm，折斷面呈海綿樣，氣味和石菖蒲明顯不同，全株帶有特異奶香，地下根莖尤其強烈。多數用以入藥的是石菖蒲，主治化濕開胃、開竅醒神，有的中藥行將兩者混合販售。台灣可見的菖蒲屬植物除了石菖蒲和水菖蒲，尚有錢菖蒲（*A. gramineus*）、金邊菖蒲（*A. grammineus*）及茴香菖蒲（*A. macrospadiceus*，有類似八角的香氣），但用來萃取精油的只有水菖蒲。

乾燥的水菖蒲葉與根莖

　　水菖蒲又稱劍葉菖蒲、白菖蒲，英名 Sweet flag 是形容它斜向上的肉穗花序似小旗幟般可愛，然而花的氣味卻不怎麼討喜（有腐爛味，想想同屬天南星家族的姑婆芋花或產於印尼的巨花魔芋就知道了）。水菖蒲在世界上的分布極廣，乾淨的水域環境較易發現，據說水菖蒲是所羅門花園裡所栽植的一種植物，也是用來製作「聖油膏」註的材料之一。

　　從新鮮或乾燥的葉子及根莖，可萃取氣味特異的芳香油，有人喜歡，也有人覺得氣味怪，我自己很喜歡它那獨特的奶香，至今，還沒能找出與其氣味相仿的植物香料。水菖蒲的氣味主要成分為細辛醚、丁香酚、菖蒲烯二醇、水菖蒲酮等等，醚類成分略高，具提神、興奮效果，但若使用高劑量，可能會導致幻覺。

註　　在基督教裡，塗抹聖油膏是一種象徵，讓屬神的人和物成聖，將他們從一切凡俗事物中分別出來。傳說聖油膏的香氣如伊甸園生命樹液一樣，僅使用 3 種香料（肉桂、沒藥、水菖蒲）和橄欖油調合而成，其中水菖蒲代表基督的復活。

香氣萃取與實用手記

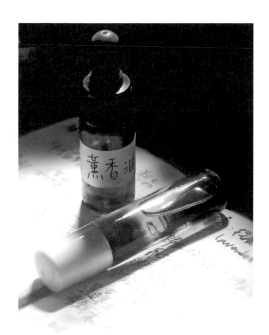

調合水菖蒲原精、薰衣草及甜橙精油，做成安眠複合精油，用擴香儀或薰香器來薰香，可以幫助入眠。也可將此安眠複合精油以 20％調入乙醇，睡前噴於枕頭，同樣有效。

靜氣凝神香

1　以溶劑萃取的水菖蒲原精，除有透明水感的奶香氣味外，尾韻還帶一股木質稻香，非常迷人。

2　將水菖蒲原精和晚香玉原精、番紅花原精、檀香、快樂鼠尾草原精、荊芥原精、銀合歡原精、乳香酊劑、佛手柑一起調香，可以製作出一款具魅惑感的香水。

3　也曾以桂花和水菖蒲為主調，創作一款頗具富貴氣息的奶油桂花手香水。

4　乾燥的水菖蒲葉子和根莖，混合肉桂、八角、檀香、乳香一起碾碎磨粉，再以蜂蜜調合製成合香，用來煎香，可以靜氣凝神，適用於打坐或失眠。

19

乳香

Frankincense

乳香來自乳香樹，也是一種橄欖科植物。

木犀科用以榨油的油橄欖（圖左），與橄欖科常見製成蜜餞食品的橄欖果實（圖右）。

　　乳香的中名最早載於「名醫別錄」，其實和它的氣味無關，其音譯恰好與阿拉伯語的乳香（lubán，奶之意思）相近，同樣是形容分泌白色似乳滴狀的樹脂而來；反而英名 Frankincense 就直接點出了乳香的氣味輪廓（薰燃之香），因為字首 Frank 來自古法語，意指「真正的焚香」，後半加上英文 incense，也就明白了人們對於乳香的應用以薰燃方式居多。

　　乳香來自於乳香樹所分泌的樹脂，乳香樹是橄欖科（*Burseraceae*）乳香屬植物，全球約 40 種，另外本科中的沒藥屬（*Commiphora*）及橄欖屬（*Canarium*）植物也早為人們所利用，沒藥同乳香一樣，均採集其芳香樹脂，應用於燃香、醫療、香水等用途；橄欖屬植物的果實（橄欖），可以當水果或製成蜜餞食用，和用來榨油的橄欖樹（屬於木犀科）果實（稱為油橄欖）是不一樣的。

乳香的藥性和沒藥相似，常和沒藥調配使用，以「乳沒」出現在處方中（圖為沒藥）。

　　一般市面上常見，用來蒸餾精油的乳香有幾種，有阿拉伯乳香（*Boswellia sacra*，又稱阿曼乳香、神聖乳香、聖經中的乳香）、科普特乳香（*B. frereana*，又稱埃及乳香）、野乳香（*B. neglecta*）和印度乳香（*B. serrata* 或 *B. carterii*），產地以阿拉伯地區、北非、印度為主。

　　乳香氣味，大致為清新的木頭香氣中略帶一點樟腦、脂香或膠香，古埃及人視這股香氣為神的氣味，因此薰燃乳香可上達天聽；用來塗敷木乃伊，除了防腐，也代表靈魂和神一樣不朽，人類賦予乳香的神性意念，大約等同於東方的檀香吧！

　　在產地，乳香的藥材名稱為 Olibanum，西方人用以薰衣物防蟲、消毒、清潔口腔或美容，然而廣泛當作藥材使用的卻是中醫和印度的阿育吠陀醫學，研究發現，乳香中的乳香酸為其特徵成分，具有降低血小板黏附、鎮痛、抗腫瘤、抗炎、抗菌、調節免疫力等作用。

　　乳香自秦漢時期傳入中國，由於藥性和沒藥相似（乳香活血行氣、沒藥散血化瘀），所以常和沒藥調配使用，處方中寫「乳沒」意即「乳香加沒藥」，傳統傷科中藥「七厘散」就含有乳香沒藥，專治跌打損傷。

乳香原精

以不同萃取法所得的成品。精油（左），
原精（中），乙醇酊劑（右）。

乳香精油有極佳的皮膚保養成分，以 5% 的量調入植物油，可調製成
很好的皮膚按摩油（圖為橙花乳香臉部按摩油）。

1　**薰燃乳香**：並非直接丟入火裡燃燒，而是將乳香置放於預熱的碳餅或其
　　他香粉上，讓乳香緩緩釋出白色煙霧，無須刻意嗅聞，即可感受濃厚木
　　質香氣。

2　乳香酊劑有非常好的定香效果，尤其和柑橘類、花香類香料一起調香，
　　僅添加 1～2%（千萬不能再多），就可幫助延長香氣多達 2 小時以上。

3　**香水油**：將乳香、苦橙花、大花茉莉、澳洲檀香、香莢蘭、黃檸檬，調
　　合於荷荷芭油做成香水油，與情人相會之前塗抹於太陽穴，可讓每次見
　　面都回到初次相遇的美目盼兮。

20

楓香脂

Liquidambar formosana

楓香花

楓香脂

楓香在早先一直被歸類於金縷梅科（*Hamamelidaceae*），1998 年 依 據 DNA 親緣關係，將它與另外二屬從金縷梅科獨立出來，歸入新成立的楓香科（*Altingiaceae*）。楓香科植物僅 3 屬 17 種，大多會分泌芳香樹脂，因此，楓香樹（Styrax）現在是楓香科楓香屬植物，共有 4 種，分別是：分布於中國的缺萼楓香樹（*L. acalycina*）、分布於華北以南、台灣、寮國、越南的楓香樹（*L. formosana*）、分布於土耳其和希臘羅得島地區的蘇合香樹（*L. orientalis*），以及分布北美洲東部到墨西哥東部以及瓜地馬拉的北美楓香樹（*L. styraciflua*）。

楓香樹和楓樹（Maple，日本稱為槭樹）是不一樣的，楓樹不會分泌芳香樹脂，但其樹液可以用來製造楓糖，楓樹的分類地位近年也有一次大變化，原先被歸類於槭樹科（*Aceraceae*），新近據分子生物學研究結果表明，它應該歸到無患子科（*Sapindaceae*），因此國內常見的青楓（*Acer serrulatum*），現在是無患子科楓屬植物。

楓香的果實也被運用在中藥上，藥材名為「路路通」。

　　楓香脂來自楓香樹分泌的樹脂，市面販售的蘇合香精油，即是自蘇合香樹所產的楓香脂蒸餾來的。楓香樹的樹脂及果實也被應用於中藥上，楓香脂藥名稱白膠香、楓脂、膠香等，具活血止痛、止血、生肌、涼血、解毒等功效，主治外傷出血、跌打損傷、牙痛，亦可用來治療急性腸胃炎。楓香果實藥名「路路通」，別名楓香果、楓球、九室子、狼目等，具利水通經、消腫、祛風活絡、除濕、疏肝等功效，主治關節痛、胃痛、乳少、濕疹等症狀，因護肝作用良好，在國內亦被用作防治肝炎的藥物。中藥楓香脂，一般以乾燥樹脂入藥，於夏季七、八月間選擇樹齡逾 15 年以上的大樹，從樹根往上每隔 20 公分交錯鑿洞，使樹脂從樹幹裂縫處流出，並匯集於洞內，十月至翌年四月間採收；若只採集新鮮樹脂，則於夏天雨後（雨後楓香樹的樹幹裂縫會大量分泌樹脂），以玻璃瓶進行少量採集即可，不必鑿洞。

香氣萃取與實用手記

楓香脂酊劑。質感看似透明亮麗，但只要滴一滴在皮膚上，待乙醇蒸發後，以手指揉之會有黏附感，就像沒有撕乾淨的貼紙處，以手觸摸仍會黏手。由此可想而知，楓香脂有優異的定香效果（將香氣分子黏住）。當然，楓香脂酊劑本身也有好聞的香氣。

芭樂葉原精加迷迭香，就有楓香葉的氣味。

1　乾燥的楓香脂可用以燃香，方式同乳香，但最好以隔熱煎香方式進行，將能感受到楓香脂的脫俗清香。

2　新鮮的楓香脂透明清澈，適合調入乙醇製成酊劑使用，楓香脂酊劑帶有少許綠葉青草感的香脂氣息，用來定香的效果和乳香酊劑一樣優秀，調入香水亦不需多，1 ～ 2％即可。

3　楓香葉也可萃取出凝香體或原精，氣味像是芭樂葉加上迷迭香。

昨夜妳踩踏月光前來
以茉莉芬芳姿態
耳畔醇釀蜜語
糅醉以伊蘭
我們追逐於山巔水湄
爆放肉桂光芒
於是愛情
綻成了玫瑰
當妳再度迎向晨光離去
我以麝香緊緊住你

Part

7

天然香料
動物性香料篇

非洲石

這是一種生活於東非，和大象有親緣關係的可愛動物蹄兔（*Proacvia capensis*）之陳年堆積糞便。由於蹄兔世代棲息於同一岩洞中，糞便長年累積，經過百年風化之後，形成非常堅硬的糞便石（又稱非洲石），學者曾利用它研究地球的氣候變遷史，後來又發現也可做為藥用及香料。在香水材料中，通常將非洲石製成酊劑使用，氣味深沉而複雜，據說綜合了麝香、麝貓香、菸草以及沉香等氣味，是相當優良的定香劑；在南非的民俗療法中，則被用來治療癲癇。

説到底，氣味是一種媒介，可將兩相無關的事物或情節搞得關係匪淺。從無從察覺的費洛蒙（曾有研究，「人中」處有相當濃度的費洛蒙，因此可以被察覺到的費洛蒙距離，是一個親吻）到小說中的迷魂香，除非六根清淨超凡住世者，別說你已絕緣於此；或許「調情」正是物種綿延繁衍的媒介——性費洛蒙——大展身手的結果。

無論聞不聞得到，氣味對萬物之影響，絕對和慾望息息相關，猶如撲火之飛蛾。人類早已異想天開地將性吸引之功能移植到香水上，特別是萃取自動物性香料的氣味，此情況，西洋更甚於東方，誇張不少。然，撇開性，單純就氣味呈現的樣貌，動物性香料仍有其無可替代的一面。

天然動物性香料少見而珍貴，調香中只要加入一點點，就能為香水帶來圓潤、厚實的畫龍點睛之效，留香時間長，有不錯的定香作用。主要用於調香的有麝香、麝貓香（靈貓香）、蜂蠟原精、龍涎香、海貍香、麝鼠香及非洲石，其中後三種我未曾見聞，本書就不介紹。

動物性香料除了龍涎香、蜂蠟原精和非洲石以外，其餘都是動物腺體的分泌物，具有強烈的腥羶氣味，必須稀釋到一定程度才不至於過度嚇人，常見作法是先用乙醇製成酊劑，並經存放令其圓熟後使用。

一般而言，動物性香料能為調香帶來神祕感或是比較深奧的特質，復古香水中多少都添加，然而，它確實比植物性香料較難取得。所幸，我們也可以在一些植物香料中，找到具有類似動物特質的香料，例如輕柔粉香的麝香葵（品質不佳甚或贗品的麝香葵氣味，通常有油耗味）、恬靜典雅的歐白芷，和同時兼具動物毛髮、陳年木櫃及淡淡鳶尾餘韻的木香，都是知名的植物性麝香，我甚至發現台灣杏檬葉原精的底韻，也飽含一股甘醇的草葉麝香味；另外，孜然和快樂鼠尾草，也因為讓人聯想起男人汗水味，被視為具有某種動物感；你也可以將安息香、香莢蘭、岩玫瑰和紫菜，調整組合，就是一款很好聞的植物性龍涎香。

麝香

Musk

李時珍説「麝之香氣遠射，故謂之麝」，它是一種源於東方古老而神祕的香料，雖然早已香遍世界各地，時長千年，但即便今日，多數人對它仍然只聞其名不知其味，甚至錯認市面上所謂的白麝香就是麝香。

天然的麝香是來自林麝（*Moschus berezovskii*）、馬麝（*Moschus sifanicus*）或者原麝（*Moschus moschiferus*）成熟公麝鹿的腺體分泌物。巴基斯坦、中國、印度、尼泊爾等亞洲 13 個國家和俄國東部，都有麝鹿分布，牠的體型似山羌，外型容易與另一種鹿科動物──河麂[註1]混淆。成年雄麝有一對獠牙，腹下有一個位於生殖器前面能分泌麝香的腺體囊，雌麝則無腺體囊和獠牙。牠們多棲息於海拔 1000 至 4000 公尺冷寒山區的闊葉林、針闊葉混合林、針葉林和森林草原等環境，生性機敏，孤僻好鬥，視聽覺敏鋭，不易被察覺，和牛一樣都是草食性反芻動物，食性廣泛，偶爾也吃蛇、蜥蜴等動物性食物。

麝香鼠

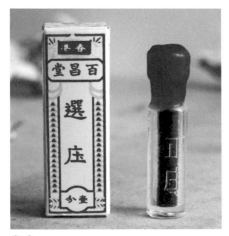

麝香

麝鹿

麝牛

　　野生麝鹿在一年半達性成熟後，開始分泌麝香，早期麝香的取得必須先將動物殺死，平均 1 公斤麝香需要犧牲 30 到 50 隻麝鹿，現代雖有專供取麝香的圈養麝鹿，但因為保育與經濟之間互為牽制，數量不足以供應需求而形成奇貨可居，這情況造成野生麝鹿被盜獵非常嚴重，導致族群日益稀少而瀕臨滅絕。1979 年「瀕臨絕種野生動植物國際貿易公約（CITES）」將麝鹿列為保育類動物，禁止野外捕殺與交易其產製品，也就是說，現在所能購買到的麝香，需取得由 CITES 許可，證明是來自人工圈養環境的麝鹿。國內也將麝香依野生動物保育法相關規定，禁止非經主管機關同意的買賣或公開展示。中國出產的麝香占了全世界麝香產量 70%，大部分除了內需，其餘輸出到東南亞國家，2000 年之前，俄國則是全世界未加工天然麝香的主要供應國，法國、德國和瑞士，則是主要的進口國。

　　自然界除麝鹿外，部分動物例如麝鼠（*Ondatra zibethicus*）、麝鴨（*Biziura lobata*）、麝牛（*Ovibos moschatus*）、麝香貓（*Civettictis civetta*）、麝龜（*Sternotherus oderatus*）、海狸（*Myocastor coypus*），在求偶、標誌領域、受到威嚇或生氣時，也會分泌麝香，只是這些氣味之間多少有些差異，英文有句「You are what you eat」，形容人類偏好某些食物乃因性格使然，有些動物則因為食性關係，本身就會散發出與食性相關的氣味，譬如吃花蜜、花粉的吸蜜鸚鵡，就散發花朵般的香氣；以水果為生的狐蝠，身上有種水果味。當然，這些氣味不是經由特殊腺體分泌的，它在動物之間是否有其他作用尚未明瞭，我認為麝香貓氣味中的腥羶特質強過麝香，特別適合調製一款性感滿滿的東方花香調香水。

天然麝香通常加工為毛殼麝香或麝香仁兩種型態，前者需要殺死麝鹿，將整個腺體囊割下製成；麝香仁指的是腺體囊的內含物，人工挖取的麝香多屬麝香仁，呈顆粒狀、粉狀或不規則團塊，紫黑或深棕色，略顯油性，氣味濃烈具擴散性（接觸陽光氣味易發散），動物感十足，稀釋之後，聞之讓人有種神往效果。

　　在不同文化中，麝香代表的意義相去甚遠，來到埃及的麝香，被視為一種撩撥性慾的象徵，是獸性的代表；中國的麝香和藥學醫理淵源較大，用來開竅醒神、活血通經之外，麝香往往有提升輔助其他香料表現層次的作用，清朝詞人納蘭性德〈浣溪紗〉中有句「麝篝衾冷惜餘熏」，是藉麝香思念情人，是人性的代表；然而在伊斯蘭的世界中，麝香便幻化為信仰的象徵，是神性的代表。

　　在香水中，有很多被用於形容麝香氣味的說法，像是動物氣息（animalic）、土味（earthy）、木質氣息（woody）和嬰兒的體香等等。但麝香真正的氣味本質，是以一種珍貴成分——麝香酮（muscone）為主，僅占麝香總成分[註2] 0.93 至 4.12％。無論在香水或是藥方中，麝香最終多與其他香料一起調合，很難被細究，能有機會接觸到純度百分百天然麝香的人非常少，加上市面許多打著麝香名號的商品，如白麝香、黑麝香、埃及麝香、中國麝香、紅麝香、西藏麝香、東方麝香等等，其中大部分都是人造麝香[註3]帶來的效果，這些也都更加模糊了天然麝香給人的氣味印象。

註1　河麂（*Hydropotes inermis*）別稱獐、土麝、香獐，是一種原始的鹿科動物，僅分布於中國東北和朝鮮半島。河麂體型比麝鹿稍大，成年公河麂也有一對外露獠牙，別名雖有麝、香字，但並無分泌麝香。中藥「獐寶」即取自幼河麂胃內沉積之物，而形容人「獐頭鼠目」也是來自這種動物。

註2　麝香成分有麝香酮、麝香砒啶（Muscopyridine）、總雄性激素、氨基酸、蛋白質、抗炎活性物質、脂肪酸、磷酸、尿素、纖維素及大量無機元素如鉀、鈉、鈣、鐵、氯、硫酸根、磷酸根等。參考行政院農委會「野生動物活體及其產製品鑑定手冊」。

香氣萃取與實用手記

麝香酊劑

製作柑橘花香水時,我喜歡添加少量麝香酊劑(至多1%),它能為花香帶來熱度,增加動感。2012 年製作的金桔花淡香水就用了一點點麝香酊劑,主要材料有金桔花原精、金合歡原精、金桔皮、金桔葉、芳樟、白檀、麝香酊劑。若不用麝香酊劑,可以麝香葵原精替代,劑量可提高至 5%。

註3 　人造麝香、合成麝香(synthetic musks、artificial musks)大致可以分為三類——硝基麝香(nitro-musks)、多環麝香(polycyclic musk compounds)和大環麝香(macrocyclic musk compounds)。前兩類人造麝香有潛在的致癌性,在許多國家都被禁止或限制使用。相較之下,大環麝香的安全性較高,因此它逐漸取代了硝基麝香和多環麝香的地位。 想多了解人造麝香,可參考 Perfume Shrine 的部落格 http://perfumeshrine.blogspot.tw/

麝香貓

麝貓香

Civet

　　麝香貓又稱靈貓，是靈貓科（*Viverridae*）動物而非貓科。一般用來取香的種類主要有非洲靈貓（*Viverra civetta*）、大靈貓（*Viverra zibetha*）及小靈貓（*Viverricula indica*）3種，非洲靈貓分布於非洲中部至東部幾個國家，大、小靈貓則分布於亞洲地區，主要棲息在熱帶和亞熱帶的森林環境中，以小型動物、昆蟲、蚯蚓等為食，也吃植物的果實和根，生性機敏，屬夜行性動物，台灣只有一種小靈貓，亦即「麝香貓」，是特有亞種。

　　此類動物之所以分泌這些帶有濃烈氣味的液體，主要是用來標誌領域（麝香貓有定點泌香的習性），和麝鹿為了生殖求偶而分泌麝香是不一樣的。雌雄麝香貓腹部後方都有一對香腺，可以分泌麝貓香，雄貓分泌量比雌貓多了將近一倍，現代也已經用圈養取香來代替射殺取香。在人工養殖環境中，麝香貓習慣在突出的枝頭、椿、岩石或角落，塗抹分泌出來的液體，剛分泌出來呈淡黃色濃稠蜜狀，不久即變成褐色，可不定期在麝香貓塗抹分泌處刮取，此稱為「壁香」；如果採用人為方法，即每隔一至二個月，以籠子捕捉固定，直接從香腺囊中刮取，稱「刮香」或「擠香」。品質以壁香為佳，如果割取死亡後的個體，則稱「死香」。

　　麝貓香中含多種大分子環酮，如麝貓香酮（占麝貓香約3％）、二氫麝貓酮、6-環十七烯酮、環十六酮等，它們是構成氣味成分的主要部分，另還有吲哚、乙胺、丙胺及幾種未詳的游離酸類，其中吲哚也可在許多香花中發現。在中藥外科膏散中，麝貓香可作麝香的替代品，有辟穢、行氣、興奮、止痛之效，國外也有應用在食品加工業方面，然而最主要的還是用於化妝品，特別是香水。

　　麝貓香的氣味較麝香具有更多的動物感，未稀釋前腥臭濃烈，感覺就像拿了一小瓶糞便，稀釋之後也不見得有多美妙，神奇的是，若將稀釋（例如將 1ml 麝貓香加入 100ml 的乙醇中，調成 0.1％濃度麝貓香酊劑）之後的麝貓香，加進幾滴純粹花香調的調香中，假以時日熟成之後，就可以感受到花朵鮮活冶豔了起來，或許被稱為美麗的事物，總要有一點醜陋來裝扮，才可以完美吧！歐洲文藝復興時期的香水，多有麝貓香、龍涎香、麝香等動物香料的添加，尤其是麝貓香與玫瑰的搭配，可視為十六世紀歐洲香水氣味的基本典範。

香氣萃取與實用手記

麝貓香酊劑

1　純度 100％的麝貓香，是萃取麝香貓腺體，經純化、去雜質之物。將此物以 10％調入乙醇，就是麝貓香酊劑。

2　麝貓香酊劑氣味中的動物感較麝香強烈，和麝香酊劑使用方式一樣，劑量至多 1％即可。

蜂蠟原精

Beeswax absolute

正在採橙花蜜的蜜蜂。

金合歡

金銀花

花香帶有蜂蜜氣息的植物。

　　蜂蠟來自工蜂腹部腺體所分泌的蠟狀物質，剛分泌的蜂蠟呈液態狀，接觸空氣後，硬化為白色軟蠟質，再經工蜂咀嚼，混入大顎腺分泌物，便成蜂蠟，主要用來構築蜂巢和蜂房（巢脾，comb）封蓋。蜂王和雄蜂並不分泌蜂蠟，老一些的蜂巢由於花粉、蜂膠註積沉，顏色呈鵝黃色。一般蜂蠟的取得，是將去蜜的蜂巢放進水鍋中加熱融化，接著趁熱過濾以去除雜質，冷卻後，浮於水面的蜂蠟隨即凝結成塊，取出就是粗製蜂蠟。香水業中用來製作蜂蠟原精的材料，是取自五年以上的老蜂巢，碾碎後直接以溶劑萃取，此未經高溫加熱過程的蜂蠟，可以保有蜜蜂迷人的清甜氣味，千萬別用精緻完成的蜂蠟去萃取，那已經沒香氣了。

　　目前，生產蜂蠟原精的國家主要在西班牙、法國和摩洛哥，美國加州近年也相繼投入生產，和其他植物原精的製造程序一樣，先用乙醇萃取，然後過濾掉粗雜質，蒸去溶劑得到濃稠狀凝香體，再將乙醇加入凝香體攪拌，再次萃取，最後過濾細雜質，於真空低溫下蒸去乙醇，即得蜂蠟原精，獲取率約1％（1公斤凝香體可萃出

蜂巢是製作蜂蠟原精的材料。

10公克原精），剛製成的原精，室溫下呈金黃色軟固體狀，帶有樹脂般濃香氣味。蜂蠟原精氣味會因產地、季節、蜂種、生產方式而略有不同，有的還帶有乾草香、菸草香、玫瑰花香甚至麝香，主要成分為苯乙酸、苯甲酸苄酯、香莢蘭素、芳樟醇等芳香分子。

史前時代的老祖宗早已知道蜂蜜的好處，在西班牙發現距今約一萬年前的洞穴壁畫上，就有描繪女性從蜂巢中摘取蜂蜜的圖畫；美索不達米亞文明的象形文字、古埃及壁畫、中國殷墟甲古文等，也有關於蜂蜜最早的記載；希臘神話中，天神宙斯就是喝蜂蜜才得以長大。蜂蜜不僅是一種滋補食物，人類更因為它特殊的香甜氣味而賦予了美好的象徵，《舊約聖經》中，以色列人的應許之地迦南（Canaan），被描述為是一個「流著奶與蜜的地方」；歌手許景純的《愛的國度裡》歌詞中，有一段「在愛的國度裡只有蜂蜜和乳香」，蜂蜜都被視作豐饒的象徵。

相對於蜂蠟原精的濃厚脂香，市面上也有一種萃取自蜂蜜的蜂蜜原精（honey absolute），它的氣味較輕盈、甜美，更接近印象中的蜂蜜氣味，然而價錢卻讓人不敢恭維，原因是萃取率實在太低。幸好金銀花、金合歡、香蛇鞭菊（鹿舌草）等原精也帶有青草般的蜜香氣息，和白芷酊劑和柑橘花原精一起調香，會出現一種淡雅的木質蜜香，再搭配檸檬便可幻化出輕盈、柔美的春天氣息。

註　　蜂膠（propolis）是工蜂採集自植物苞芽、樹皮等部位所滲出的液狀脂、膠，再混合蜜蜂本身的顎腺、蜂蠟，經反覆咀嚼而成的一種暗褐色膠狀物，因為有抗菌、抗發霉及抗氧化功效，主要用來修補蜂巢破洞，維繫整個蜂群的健康。蜂膠也有一股特殊氣味，成分相當複雜，會因為不同季節、地區而有很大的差異，其中類黃酮的含量很高，也是蜂膠菁華所在。

蜂蠟

芳香蠟燭

1　可直接跟養蜂人家購買老舊捨棄的蜂巢直接萃取（萃取方法詳見內文）。
　　另，不建議自己萃取蜂蜜原精，因效率太低，實在暴殄天物，蜂蜜還是
　　當食物的好。

2　蜂蠟原精很適合與柑橘類、橙花、薰衣草調香，能為天然香水帶來充滿
　　陽光般的明亮特質，Lush 曾經發行的「橙花飛舞」香水，其中蜂蠟原精
　　與其他香料就配合得恰到好處。

3　**芳香蠟燭：**蜂蠟可以製作很多芳香用品，此芳香蠟燭，我只以大豆蠟燭
　　加蜂蠟來製作（講究一點的還會加上可可脂），香料可選擇香氣濃郁的
　　肉桂、茴香或丁香，氣味持久遠揚，想防蟲還可考慮加入香茅。冬夜燃
　　著辛香蠟燭，很能帶來溫暖感受。

4

龍涎香

Ambergris

龍涎香其實是抹香鯨排出的、腸胃中不易消化的固態物質。

在香水中，琥珀幾乎等同於龍涎香，然而真正的琥珀卻是來自針葉植物樹脂的化石。

　　要說世界上最奇異難尋的香料，非「龍涎香」莫屬，它是東方香道文化中，四大名香「沉、檀、龍、麝」之一味。龍這個字，耳熟能詳卻又莫衷一是，現在有學者根據說文解字、甲骨文及易經，提出解釋，中國人關於龍的想像，可能來自古人對龍捲風的觀察，即便如此，龍代表的文化概念從來都與皇帝、天子相關，象徵著尊貴、珍希、無可侵犯，在神話傳說中能隱能現、登天潛淵、呼風喚雨，種種能力顯示著至高無上的權力。古人為了取悅皇帝，將此香料來歷、取得、使用效果披上了神祕外衣，「龍涎香」名號大概就是這麼來的，表示「龍王涎沫」，也有「天香」之美稱。

捕鯨業尚未發達以前，人們發現的龍涎香多在海邊拾取，西元六世紀時，阿拉伯商人開始將它帶往世界各地，隨後在唐代傳入中國，稱「阿末香」，宋代以後才稱「龍涎香」，人們雖然早在西元前就有龍涎香的記載，也已經將龍涎香當香料使用了近 19 個世紀，許多關於龍涎香的身世說法仍屬穿鑿附會，諸如掉入海中經海水浸泡的蜂巢、經年累月風化的鳥糞、海底火山噴出的物質、來自特殊真菌形成等等。直到二十世紀，龍涎香才由索科特拉島（Socotra）的阿拉伯漁夫，從捕獲的抹香鯨體內得到而證實。

　　抹香鯨主要在溫暖的海域中活動，是齒鯨類中最大的一種，也是鯨類家族的潛水冠軍，幾乎只吃大王烏賊和章魚，然而這些食物卻有不易消化的硬質部分（喙、烏賊骨），雖然大部分都可以被嘔吐出來，少數卻進入抹香鯨的腸胃裡，最後形成一種固態物質，並隨著糞便被排出體外（抹香鯨的糞便是液狀），這就是最初的龍涎香。由於龍涎香的比重比水輕，排出後漂浮於海面，經風吹日曬、海水浸泡等一連串大自然的洗禮，顏色從黑色、灰色一直到白色，時長可達數十年甚至百年之久，一般認為，品質以白色為優。

　　根據研究龍涎香多年的鯨豚專家 Clarke（2006）表示，現今有紀錄的天然龍涎香，幾乎都來自於被捕獲的抹香鯨體內，而且含有龍涎香的抹香鯨比例僅 1%，也就是說並非所有抹香鯨都會產生龍涎香，而直接取自抹香鯨體內的龍涎香腥臭難聞，必須再經過繁複人工處理方能使用，這種龍涎香品質也最差。

　　西方人稱龍涎香為灰琥珀，它的英文名稱即是由具有琥珀含義的「amber」和灰色含義的「grey」所組成，英國人則直接稱琥珀，因此在香水中，琥珀幾乎等同於龍涎香，然而真正的琥珀卻是來自針葉植物樹脂的化石，也是一種中藥材，有鎮驚安神、活血散瘀之功效。

　　龍涎香珍貴之處，除了得來不易、神話傳說加持以外，最重要的，就在它那不可思議的香氣！天然香水師 Mandy Aftel，形容龍涎香帶有光芒閃耀的特質，猶如一顆會散發香氣的寶石；也有人形容它，混合了泥土、海藻、菸草、玫瑰、麝香的氣味；有的書籍則說天然龍涎香本身幾乎無味，必須經過融化稀釋之後，才會出現蜜般香氣。

　　對於龍涎香氣味之描述，因人而異，再再顯示它的氣味印象難以捉摸，神祕感十足。1950 年代，龍涎香氣味分子首次被香水公司解構，發現它和岩玫瑰脂的氣味相似，因此有所謂龍涎香型的香調出來，如果以植物精油模擬調香，即前文所提，是以岩玫瑰和香莢蘭為主角。

註　　也有人稱四大名香中之龍香，指的是龍腦，來自龍腦香科植物，又稱冰片、瑞腦，是佛家禮佛的上等供品，也是浴佛的主要香料之一。

香氣萃取與實用手記

龍涎香酊劑

幾年前，我自中藥貿易商購得一些龍涎香，並將它浸泡入酒精中，淹過材料，做成酊劑。記得剛製成的龍涎香酊劑讓我頗失望，原先諸多想像中的神奇香氣並沒有出現，只有刺鼻的乙醇。就在幾天前，為了寫龍涎香，我將放了好些年的酊劑再拿出來感受，竟然出現一種很好聞的香莢蘭氣息，同時透著一點點苦香、脂香和辛香，乙醇揮發後具黏質感，在皮膚上停留了不算短的時間，定香效果應該不錯，餘味則轉變成淡淡的，像是麝香的氣味，真有如獲至寶的感受呢！我的經驗也應證了龍涎香酊劑愈陳愈香之説法。

調香手記

55 種天然香料萃取，玩出專屬自己的香氛創作。

國家圖書館出版品預行編目資料

調香手記── 55 種天然香料萃取，玩出專屬
自己的香氛創作。／蔡錦文 著
--- 三版 .─ 臺北市 ；本事出版：大雁文化事
業股份有限公司發行，
2022 年 10 月
面 ； 公分 .-
ISBN 978-626-7074-19-0（平裝）
1.CST: 香水 2.CST: 香精油
466.71 111011973

作　　者　蔡錦文
特約主編　張碧員

發 行 人　蘇拾平
編 輯 部　王曉瑩
行 銷 部　陳詩婷、曾曉玲、曾志傑、蔡佳妘
業 務 部　王綬晨、邱紹溢、劉文雅
出 版 社　本事出版
　　　　　台北市松山區復興北路 333 號 11 樓之 4
　　　　　電話：(02) 2718-2001　傳真：(02) 2718-1258
　　　　　E-mail：andbooks@andbooks.com.tw
營運統籌　大雁文化事業股份有限公司
　　　　　地址：台北市松山區復興北路 333 號 11 樓之 4
　　　　　電話：(02)2718-2001
　　　　　傳真：(02)2718-1258

封面設計／COPY 內頁設計／徐小碧
印　　刷　上晴彩色印刷製版有限公司
● 2018 年 7 月二版
● 2022 年 10 月三版 1 刷
定價 480 元

ISBN 978-626-7074-19-0
ISBN 978-626-7074-21-3（EPUB）

缺頁或破損請寄回更換 歡迎光臨大雁出版基地官網 www.andbooks.com.tw
訂閱電子報並填寫回函卡

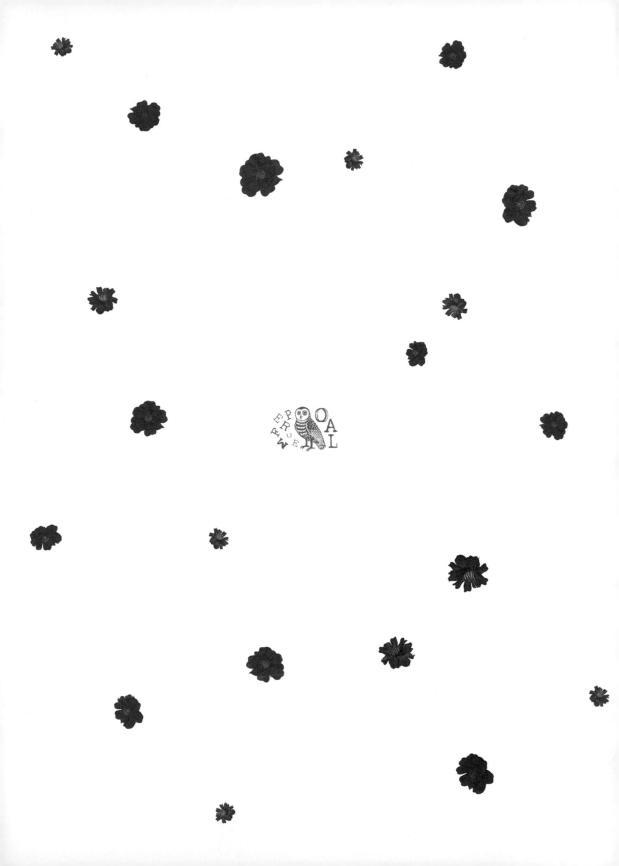

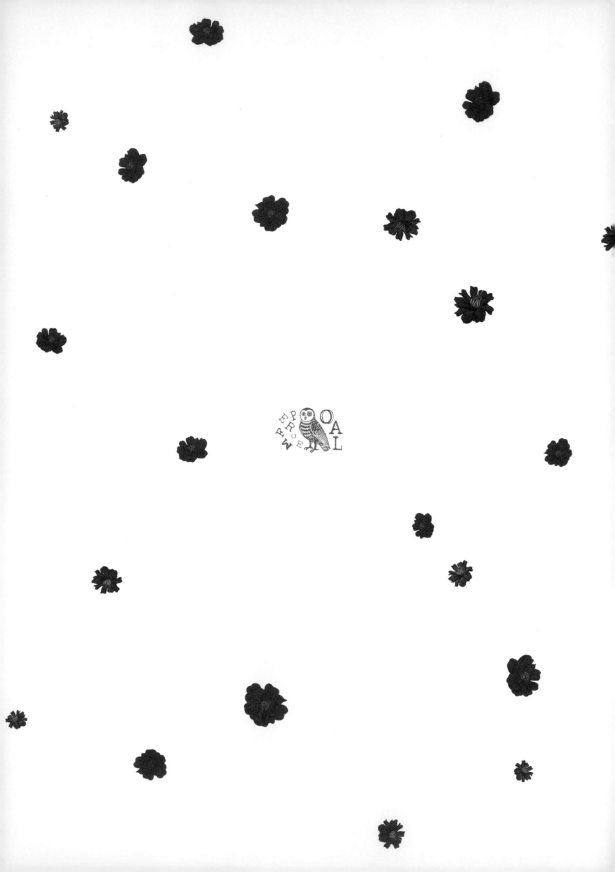

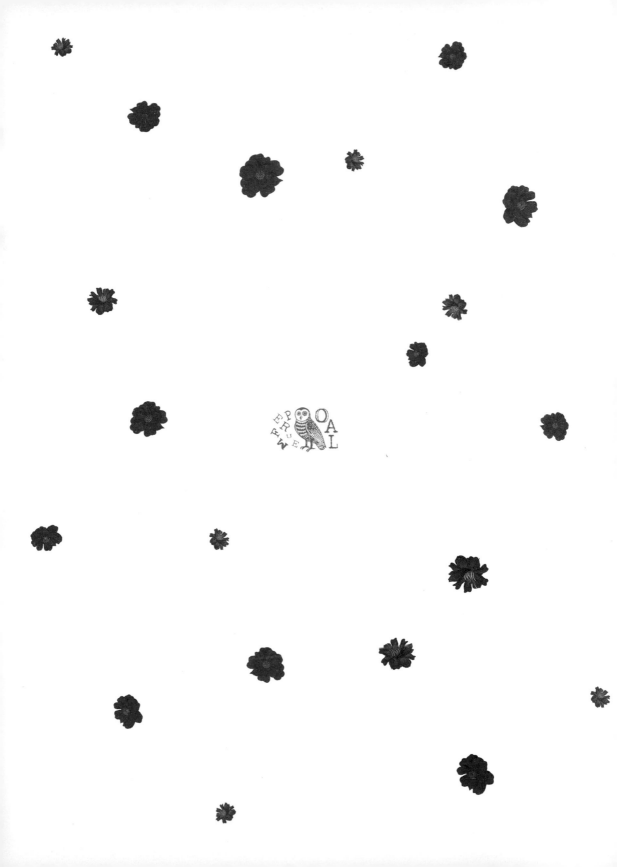

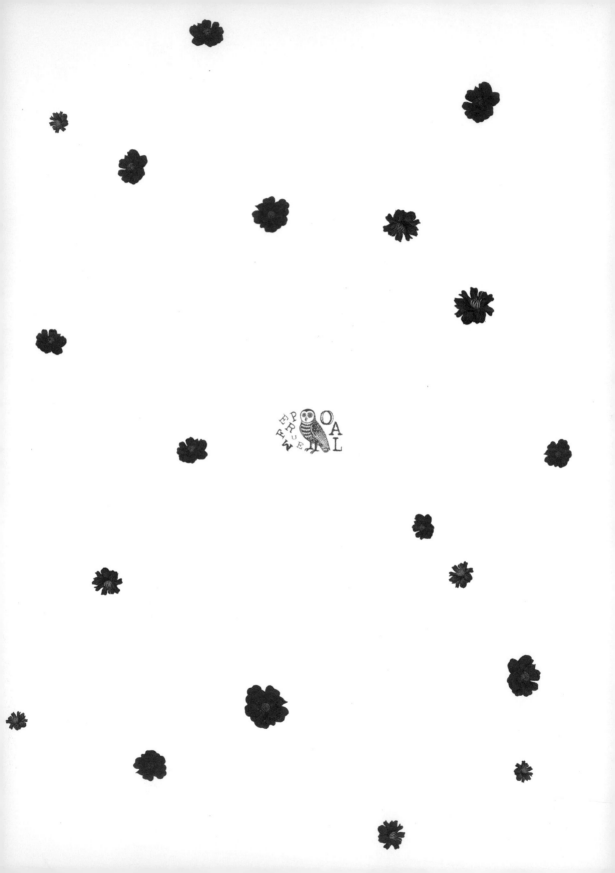